蚕桑资源与食疗保健

廖森泰　肖更生　主编

中国农业科学技术出版社

图书在版编目（CIP）数据

蚕桑资源与食疗保健/廖森泰，肖更生主编．—北京：中国农业科学技术出版社，2013.11
ISBN 978-7-5116-1396-7

Ⅰ.①蚕…　Ⅱ.①廖…②肖…　Ⅲ.①蚕—食物疗法②桑叶－食物疗法　Ⅳ.①R247.1

中国版本图书馆 CIP 数据核字（2013）第 239825 号

责任编辑　崔改泵　褚　怡
责任校对　贾晓红

出版发行　中国农业科学技术出版社
北京市中关村南大街 12 号　邮编：100081
电　　话　（010）82109194（编辑室）
（010）82109702（发行部）
（010）82109709（读者服务部）
传　　真　（010）82106650
社 网 址　http://www.castp.cn
经 销 者　各地新华书店
印　　刷　北京富泰印刷有限责任公司
开　　本　850mm×1 168mm　1/32
印　　张　4.5　**彩插**　8 面
字　　数　108 千字
版　　次　2013 年 11 月第 1 版　2013 年 11 月第 1 次印刷
定　　价　20.00 元

编 委 会

主　　编　廖森泰　肖更生

编　　者　（姓氏笔画为序）

邢东旭　任德珠　刘　凡

刘子放　刘　军　李树英

刘学铭　杨　琼　肖更生

吴继军　邹宇晓　沈维治

张雨青　陈卫东　陈智毅

罗国庆　施　英　桂仲争

徐玉娟　高云超　黄先智

廖森泰　穆利霞

前　言

早在5 000～6 000年前，我们的祖先发明了一个伟大的蚕丝业，至今仍长盛不衰。自古至今，蚕丝业除了利用其蚕丝织绸作为衣物外，其蚕、桑、茧、丝均为食用和药用的好材料，《本草纲目》《神农本草经》等有详细的记载。随着科学的进步，人们对蚕桑资源价值的认识进一步加深，通过分析其成分、食用价值和药理作用，通过加工工艺创新、新产品研发等，构成了一套蚕桑资源食疗保健的技术体系，众多新产品呈现在我们的眼前。

回归自然、保护生态成为目前社会发展的趋势，蚕桑茧丝这种天然的生物资源，引起了人们高度的重视和关注。本书系统总结了蚕桑茧丝在食用、保健用、药用和家居用等方面的基本情况和研究进展，以科普的方法编写而成，以期让人们进一步加深对蚕桑资源食疗保健的认识。

本书依托国家蚕桑技术体系加工研究室岗位科学家及其团队成员完成，由于编者水平有限，书中难免会有错漏之处，敬请广大读者批评指正。

编者

目　录

第一章　蚕桑生物学

第一节　蚕的生物学

鳞翅目昆虫中的蚕蛾科包括家蚕、柞蚕、蓖麻蚕、天蚕、樟蚕和琥珀蚕。其中，家蚕的经济价值最高，饲养量最大；其次为柞蚕，在我国东北地区和河南、山东等地有饲养；蓖麻蚕、天蚕在广西和湖南等地有少量养殖。

家蚕是一种以桑叶为食料的绢丝昆虫，又称桑蚕，是古代人们将栖息于桑林中的野蚕驯化而来，故称家蚕。

家蚕属完全变态昆虫，在一个世代中，经历卵、幼虫、蛹、成虫4个形态完全不同的发育阶段。卵是家蚕个体发育的第一个阶段，卵有滞育卵和非滞育卵，非滞育卵由产下经10天左右胚胎发育即可形成幼虫而孵化；滞育卵则在产下后7日左右，待胚胎发育至一定程度即进入“滞育期”，经10个月左右再孵化。

幼虫期是家蚕取食、摄取营养、生长发育至成熟吐丝结茧的时期。共分五个龄期，蚕从卵中孵化出来为蚁蚕，又称一龄蚕，食桑3天左右进入眠期，不吃不动，蜕去旧皮，形成新皮，蜕皮后称为2龄起蚕，如此经4次眠蚕、4次蜕皮，每次2~3天，即至五龄起蚕，经5~6天取食桑叶，至第6天蚕逐渐停止食桑，蚕体收缩至透明，此时称熟蚕。熟蚕开始吐丝结茧，3~4天后，吐丝结束进入蛹期。蚕幼虫从蚁蚕至熟蚕，体重增加8 000~10 000倍，时间为20~22天。

蛹期是家蚕幼虫向成虫过渡的变态阶段。幼虫成熟吐丝结茧后蜕去表皮即化蛹，在蛹期，外观不吃不动，没有形态变化，但内部却在剧烈变化，将幼虫器官解离改造成成虫器官，经10～15天后，蚕蛹蜕皮，即羽化成蚕蛾。

蚕蛾即家蚕的成虫，是交配、产卵繁殖后代的生殖阶段。羽化后的成虫破茧而出，体内生殖器官已成熟，经雌蛾与雄蛾交配后产卵，蚕蛾即自然死亡，一个世代至此结束。

关于蚕品种的分类，以化性来分，一年发生多个世代的称多化种，一年发生一或二个世代的称一化种或二化种；以种质资源系统来分，有中系和日系品种等；以吐丝结茧的蚕茧颜色来分有白茧种、黄茧种、绿茧种等。

第二节　桑的生物学

桑树是多年生木本植物，分类上属于荨麻目、桑科、桑属、桑种。桑树的器官包括根、茎、叶、花、椹（果）、种子等。

根是桑树的地下部分，它的主要功能是从土壤中吸收水分和养分、贮藏和合成有机物质、固定和支撑树体的作用。桑树的根部构造包括根毛、根皮、韧皮部和木质部。

茎即桑树的树干和枝条，统称桑枝，它的主要功能是运输水分、养分，贮藏养分及支撑枝、叶。枝条的构造包括周皮、韧皮部、形成层、木质部和髓部。

叶是桑树进行光合作用、蒸腾作用以及呼吸作用的重要器官，是栽培桑树的目的收获物。桑叶属完全叶，具有叶皮、叶柄和托叶三个组成部分，叶片由表皮、栅栏组织、海绵和叶脉组成。

桑树的花是单性花，偶有两性花，由多个小花组成，属葇荑花序，桑树的花性多种多样，大部分品种是雌雄异株，也有部分品种雌雄同株。雄花由萼片与雄蕊组成，雌花由雌蕊与花被组成。

桑椹又称桑果，是由桑树雄花的花粉粒掉落在雌花柱头上

（即受精），经繁育而成的聚花果，桑椹由最初的绿色变为红色，最后变为紫黑色而成熟，而新疆白桑等品种的桑椹成熟时为玉白色或饴红色。桑子存在桑椹内，呈扁卵形，黄褐色或淡黄色，由种皮、胚及胚乳 3 部分组成。

我国桑种资源丰富，栽培和野生的桑种有鲁桑、白桑、山桑、广东桑、蒙桑、鬼桑、黑桑、鸡桑、华桑、滇桑、瑞穗桑、长果桑、长穗桑、川桑、唐鬼桑等 15 种。根据桑树生长特点，桑树分为早生、中生和晚生桑品种；根据不同用途，桑树分为叶用桑、条用桑、果用桑、材用桑和其他用途桑等。

参考文献

[1] 中国农业科学院蚕业研究所．中国养蚕学．上海：上海科学技术出版社，1991.

[2] 中国农业科学院蚕业研究所．中国桑树栽培学．上海：上海科学技术出版社，1985.

第二章　桑　叶

桑叶是桑科植物桑树的叶子，在全国大部分地区都有种植，尤其以长江中下游及四川盆地桑区较多。桑叶药性平和、无毒副作用，具有疏散风热、清肺润燥、清肝明目的作用，已经被国家卫生部正式列入“既是食品又是药品”的名单。由于桑叶具有独特的功效，因此，桑叶也成为广东凉茶的主要原料，近年卫生部推荐的对抗甲型流感、SARS 等流行病的中药配方中，桑叶是重要的原料药材。

第一节　桑叶成分

桑叶是桑树最主要的产物，每年可采摘 3～6 次，生命力很强，因此桑叶在我国有着极大的资源优势。桑叶的营养非常丰富，含有多种糖类、脂类、氨基酸、维生素，还含有锌、锰、钙、铁等营养元素，桑叶的营养价值超过了大部分的叶类蔬菜。除了含有一般营养成分外，桑叶还含有以生物碱、黄酮及黄酮苷类为代表的多种生物活性物质。

1. 脂类

桑叶所含脂类物质中，不饱和脂肪酸几乎占到脂肪酸的一半，不饱和脂肪酸以亚麻酸、亚油酸、油酸、棕榈油酸、花生四烯酸为主。脂肪酸中亚麻酸含量很高，占22.99%，对心血管疾病及高血脂都有很好的防治作用，特别是消退动脉粥样硬化和抗血栓形成有极好的疗效。而亚油酸占13.40%，是人体必需的脂肪酸，可促进胆固醇和胆汁酸的排出，减低血中胆固醇的含量，而且桑叶中几乎不含胆固醇。

2. 氨基酸类

桑叶是氨基酸的宝库，尤其霜后桑叶的氨基酸含量极为丰富，且嫩桑叶中各成分含量最高，含有天门冬氨酸和谷氨酸等 16 种氨基酸，其中，谷氨酸含量高达 2 323 毫克/100 克，降血压物质 γ－氨基丁酸含量高达 226 毫克/100 克。桑叶氨基酸的组成大体与脱脂大豆粉一致，氨基酸模式与人体相近，人体必需的 8 种氨基酸占总氨基酸的 44.85%，比例接近瘦猪肉、鸡肉和鲢鱼肉等，有利于人体吸收利用。

3. 维生素类

桑叶富含能维持机体免疫系统、抗氧化系统、脂肪和碳水化合物周转代谢系统正常或应激活动所需的 B 族维生素和维生素 C。每 100 克桑叶约含 4 130 国际单位维生素 A，0.59 毫克的维生素 B_1，1.35 毫克的维生素 B_2，7.4 毫克的胡萝卜素，31.6 毫克的维生素 C，0.67 毫克的视黄醇，还含有烟酸等微量成分。

4. 微量元素

桑叶中含有锌、铜、锰、铁等多种人体必需的微量元素。每 100 克桑叶约含钙 2 699 毫克，钾 3 101 毫克，镁 362 毫克，铁 44.1 毫克，钠 39.9 毫克，锌 6.1 毫克，铜 1.0 毫克，锰 27 毫克等。

5. 生物碱成分

桑叶最重要的特征化学成分包括 DNJ（1－脱氧野尻霉素）、N－甲基－I－DNJ、2－氧－α－D－半乳糖吡喃糖苷－1－DNJ、fagomine、1，4－二脱氧－1，4－亚胺基－D－阿拉伯糖醇、1，4－二脱氧－1，4－亚胺基－（2－氧－β－D）－吡喃葡萄糖苷）－D－阿拉伯糖醇、去甲莨菪碱等。其中 DNJ 在植物中只有桑叶才含有，是糖苷酶抑制剂，能明显抑制食后血糖急剧上升现象。

6. 黄酮及黄酮苷类

含有芦丁、芸香苷、槲皮素、异槲皮苷、槲皮素-3-三葡糖苷等化合物。黄酮类化合物占桑叶干重的1%～3%，是所有植物茎叶中含量较高的一种。黄酮类物质是一种天然的强抗氧化剂，能够清除人体中超氧阴离子自由基、氧自由基及酶类所不能清除的羟自由基等，具有降血压、抗衰老、防癌、改善肝功能、抑制动脉粥样硬化形成的作用。

7. 甾类成分

含β-谷甾醇、豆甾醇、菜油甾醇、β-谷甾醇-β-D-葡糖苷、蛇麻脂醇、内消旋肌醇、昆虫变态激素牛膝甾酮和蜕皮甾酮。

8. 挥发油成分

含有乙酸、丙酸、丁酸、异丁酸、戊酸、异戊酸、己酸、异己酸、水杨酸甲酯、愈创木酚、酚、邻苯甲酚、间苯甲酚、丁香油酚等，还含有草酸、延胡索酸、酒石酸、柠檬酸、琥珀酸、棕榈酸、棕榈酸乙酯、三十一烷、羟基香豆精等。

第二节　桑叶保健功能

桑叶已被我国《药典》收录，《神农本草经》称桑叶为“神仙叶”，具有疏散风热、益肝通气、降压利尿等功效。现在药理学研究表明桑叶除具有传统的药用价值外，还具有抗氧化、抗衰老、降血脂、降血糖、抑菌、抗病毒、增强机体耐力、抗应激、降低血清胆固醇、调节肾上腺功能及抗癌等作用，具有很高的药用开发价值。

1. 降血糖作用

桑叶能够治疗糖尿病，由来已久。桑叶粉、桑叶的水、乙醇和甲醇提取物均具有防治糖尿病的作用。桑叶中所含的 DNJ（1-deoxynojirimycin）抑制了 α-糖苷酶的活性，抑制了糖类成分消化。桑叶中含有的生物碱及桑叶多糖，能促进胰岛的 β 细胞分泌胰岛素。胰岛素可以促进细胞对糖的利用、肝糖元合成及改善糖代谢，最终达到降低血糖的效果。

2. 降血脂和抗动脉粥样硬化作用

桑叶及其丁醇提取物能抑制人或家兔低密度脂蛋白的氧化，并能减小患病家兔动脉内膜的厚度，因此，桑叶具有抑制血清胆固醇升高和预防动脉硬化的作用。

3. 抗炎

桑叶具有较强的抗炎作用，桑叶水煎剂对巴豆油所致小鼠耳廓肿胀、角叉菜胶所致的小鼠足趾浮肿和对醋酸所致的小鼠腹腔毛细管通透性有显著的抑制作用，这与传统中医记载的祛风、清热功效相符。

4. 抗氧化、抗衰老

桑叶具有类似人参的补益与抗衰老、稳定神经系统功能的作用，能缓解生理变化引起的情绪激动，提高体内超氧化物歧化酶的活性，阻止体内有害物质的产生、减少或消除已经产生并积滞体内的脂褐质。桑叶能调节机体对应激刺激的反应能力，可缓解老年人更年期情绪激动和性情乖戾，增强机体耐受能力和延缓衰老作用。

5. 抗肿瘤

桑叶黄酮类成分对人早幼粒白血病细胞系（HL-60）的生长表现出显著的抑制效应；野尻霉素 A 相关的衍生物具有抑制小鼠 β-16 肺黑色细胞肿瘤转移活性。其物质基础及作用机制为桑叶黄酮类成分诱导白血病细胞系（HL-60）的细胞分化。桑叶黄酮及其类似衍生物通过抑制糖苷酶的活性，在肿瘤细胞表面产生未成熟的碳水化合物链，削弱了肿瘤的转移能力。

6. 抗病毒

桑叶及其提取物具有抑制 HIV、莫洛尼鼠白血病毒（MoLV）的作用，且具有剂量效应。其物质基础及作用机制为桑叶生物碱中 1 - 脱氧野尻霉素及其衍生物通过阻断 HIV - 1 诱导的合体细胞的形成和显著的抗逆转录酶病毒活性。最近研究发现，桑叶中黄酮类物质对甲流病毒等多种病毒有抑制作用，为桑叶作为抵抗流感的中药材提供了理论依据。

第三节 桑叶产品及食药用方法

随着人们生活水平的提高，饮食结构发生显著的变化，各国学者都在积极寻求天然、安全、保健性的食品资源进行开发，这种回归自然的愿望使资源丰富又具有保健功能的桑叶被广泛利用。桑叶营养丰富，是典型的营养均衡且低热量的健康食品。目前国内外利用桑叶开发了大量种类丰富的食品，这些健康食品的开发迎合了现代消费者对食品“天然、保健”的要求。国内多家企业和科研单位根据桑叶的营养成分、理化特征和加工特性研制开发出桑叶茶、桑叶菜、风味饮料和饲料等，多种特色产品已投放市场，产生了良好的社会效益和经济效益。

1. 桑叶茶

桑叶代茶饮用在我国民间已有 1 000 余年的历史，桑叶可加工桑芽茶、桑叶绿茶及桑叶红茶等。桑叶茶一般选用生态环境优越、无污染的优质嫩桑叶为原料，经科学烘焙等工艺精制而成。工艺中除去桑叶中有机酸的苦味、涩味较为关键，去除苦涩味后的桑叶茶具有口味甘醇、清香宜人等特性。桑叶茶用开水冲泡，清澈明亮，清香甘甜，鲜醇爽口，研究结果表明，桑叶茶中含大量对人体有益的营养物质和丰富的功能性保健成分，尤以钾、钙、镁含量和总糖、氨基酸、酚类物质含量较高，特别是钙高出茶叶6倍之多。此外，桑叶叶面较薄，水浸出物较多，比茶叶易溶解出有效成分，有利于人体的吸收。从保健功效看，桑叶茶营养价值较高，适合各类人群饮用，如生长发育期青少年和中老年人（含钙高，不含咖啡因）；需要防治糖尿病和高血压的人群（总糖高，含黄酮）；需要增加营养和保健型人群（氨基酸和酚类物质含量高）。常饮此茶有利于养生保健，延年益寿。

①桑叶绿茶：桑叶绿茶的特点是干茶色泽绿润，冲泡后清汤绿叶，具有清香或熟栗香，滋味鲜醇爽口，浓而不涩。绿茶的工艺流程为：杀青→揉捻→干燥。桑叶采后去掉叶柄，用不锈钢刀切成条叶，芽、叶采后应立即放在通风阴凉处。杀青是利用高温迅速破坏鲜叶中酶的活性，阻止鲜叶中的底物在酶催化下氧化，清除鲜叶的青气和青涩味，初步形成花香和醇厚的滋味。揉捻是使桑叶细胞组织破碎，使茶汁较容易泡出，同时使桑叶卷成茶条，为炒干或烘干打好固形基础。干燥的目的是继续去除水分，达到毛茶规定的含水量标准，以便储运和精加工，同时在蒸发水分时，桑叶还发生激烈的热物理化学变化，造就桑叶茶的色、香、味、形。

②桑叶乌龙茶：桑叶乌龙茶色泽黄绿偏红，汤色黄红明亮，香气浓郁，滋味醇厚。其工艺流程是：鲜叶→晒青→切整→做青→杀青→包揉→炒青→干燥→提香。其中做青、杀青、包揉和提香都是桑叶乌龙茶加工的关键工艺。

③桑叶红茶：桑叶红茶的特点是红汤红叶，优质红茶色泽为色黑油润，冲泡后具有甜花香或蜜糖香，汤色红颜明亮，叶底红亮。红茶的加工工艺流程是：鲜叶→萎凋→揉捻→发酵→干燥。采摘来的鲜嫩叶，经过一段时间的阴凉使桑叶失水，将揉捻叶放在发酵筐或发酵车里，进入发酵室发酵，将发酵后的颗粒状桑叶

进行干燥至足干，烘干至手捏颗粒成粉即可。

④桑普茶：利用桑叶做原料制成的桑叶绿茶“性寒”，普洱茶（广东陈香茶）“性温”，两者相配合，既可以减少产品的不利面，又可以增加汤色明亮程度和醇厚滋味。桑普茶的工艺流程为：拼茶（桑绿茶、普洱茶）→装袋入笼蒸→出饼模→压饼→干燥。

⑤桑叶袋泡茶：桑叶的保健功效已被越来越多的消费者认可，为了解决现有制备桑叶茶使用的嫩叶采摘周期短、制茶过程操作时间长的问题，可将桑叶与茶叶、干花、干果、中药等拼配制成袋泡茶，产品风味独特，保健功效突出。桑叶袋泡茶加工工艺：采收→凋萎→杀青→揉捻→炒干→揉碎→包装。

⑥桑叶茶饮料：利用新鲜桑叶或干桑叶均可生产风味独特的具有清热解毒功能的保健饮料。国内食品企业开发的桑叶风味饮料包括：桑叶碳酸饮料、桑叶菊花保健饮料、桑叶营养口服液、桑叶啤酒、桑叶/马铃薯发酵饮料、桑叶黑米酒、桑叶酸奶等，相关产品均以桑叶的保健养生作用为卖点，吸引了不同年龄层次的消费者，市场反映良好。

2. 桑叶粉及食品

植物超微粉加工技术是近年来国际上发展起来的一项新技术，即采用最先进的工艺流程，利用高强度的振动，使植物在磨筒内受到高中速撞击、切搓，在极短的时间内将植物细胞打破，使细胞内的有效成分充分释出，并在粉碎过程中达到精密混合。植物经过超微粉加工后破壁率可达95%以上，粒度达200目以上，极大地提高植物营养的吸收利用。将桑叶晒干，水分控制在12%以下，用万能粉碎机将干桑叶粉碎成40目（80%以上通过40目）的桑叶粗粉，再将桑叶粗粉置入超微粉碎机中粉碎10～20分钟，根据产品要求经振动筛筛分成100～300目的桑叶超微粉。

桑叶超微粉可用于生产各类新型特色面点，如桑叶馒头、桑叶面条、桑叶饼等，除此以外，还可作为汤料或馅料添加至各种食品中；粒度超过300目的桑叶超微粉可用于生产冰淇淋，口感细腻，具有桑叶特有的清香；桑叶超微粉可直接用来填充胶囊作为一种功能食品，具有清热解毒、养肝明目，辅助降血糖、血脂等功效。

3. 桑叶凉茶

在目前日益蓬勃壮大的凉茶产业中，桑叶已成为广东凉茶的核心原料。在已经批准首批国家级非物质文化遗产中“夏桑菊”、“邓老凉茶”、“清咽凉茶”等品牌都将桑叶作为其中的主要原料。广东宝桑园健康食品研究发展中心以桑叶、菊花和蜂蜜为主要原料进行复配，生产出具有浓郁桑叶风味的金桑菊清凉饮料，广受消费者青睐。桑叶、菊花、金银花和甘草均为常用的清热解毒中药材，在我国中医临床及民间食疗养生中广泛用于各种热症的治疗，选用这4种清热药为主要原料生产出一种兼有桑叶和菊花特有风味的凉茶饮料，风味协调、质量稳定。

4. 桑叶菜

广东省农业科学院蚕业与农产品加工研究所曾对我国部分代表性的桑树栽培品种（广东桑“大10”和“粤桑11号”、白桑“育2”、鲁桑“湘7920”）的幼嫩桑叶进行了水分、碳水化合物、粗蛋白、膳食纤维、粗脂肪、总灰分等参数的分析，发现幼嫩鲜桑叶的水分含量为77.4%～82.72%，碳水化合物的含量为5.51%～10.63%。幼嫩桑叶干品含粗蛋白23.83%～38.80%，粗脂肪3.15%～3.97%，膳食纤维15.82%～18.95%，总灰分为8.52%～9.32%。维生素分析发现，幼嫩桑叶维生素C、维生素A和β-胡萝卜素分别为4.85～29毫克/千克、0.27～0.66毫克/千克和9.93～31.6毫克/千克。此外，幼嫩桑叶还含有钾、钙、镁、铁、锌等矿质元素。以上结果表明，幼嫩桑叶可以作为新鲜蔬菜食用。

广东宝桑园健康食品研究发展中心近年来结合桑叶特有的疏

风清热、清肺止咳、平肝明目等食疗功能，开发出鲜桑叶炖猪展、桑叶肉丸、桑叶鲫鱼汤、桑叶龙骨汤、上汤桑叶、菇香火腩煲淋鲜桑叶、桑叶炖水鸭等鲜桑叶特色菜式，迎合了现代消费者“回归自然”，追求新材料、新口味的饮食新观念。当前，日本对桑叶作为食品进行了制作方法的研究和开发。把桑叶进行炒、煮、拌和油炸后试食，以油炸桑叶得到好评。日本长野地区，还将桑叶作为药膳的一种菜面市，名曰“开水焯桑叶”（加调味料）。

下面结合有关资料和广东宝桑园花都基地的实践，提供一些桑叶菜谱及制作技术。

（1）桑叶煮鲫鱼

主料：鲫鱼、桑叶、葱段、生姜丝。

做法：桑叶在沸水中煮 2 ~ 3 分钟捞起，过冷水，备用。生姜、蒜段炝油锅后，将鲫鱼双面煎至五成熟。加入沸水，大火煮至汤色白稠，下桑叶一同煮 3 ~ 5 分钟，调味，出锅。务必要用桑叶最嫩的部分。

（2）桑叶盐焗鸡

主料：桑茶叶、鲜桑叶、三黄鸡（1 千克左右）、葱段、生姜片。

做法：桑茶叶是用新鲜的茶叶炒出来的，用开水把桑茶叶泡开，与葱段、生姜片一起塞进鸡肚子中，用配料把鸡腌半小时，用新鲜桑叶把鸡包起来后，再包一层砂纸，最后在纸上抹上盐，放在焗炉中焗半小时。

（3）桑叶蒸肉饼

主料：新鲜五花肉、葱、姜、鲜桑叶（或干桑叶粉）、淀粉、砂糖（白糖）、盐、生抽。

做法：将五花肉洗净剁成肉馅，将盐、淀粉、砂糖等调味料用少许水溶化，倒入肉馅中搅匀，用手顺时针搅拌至起胶。起胶的感觉就是黏性十足，但肉质有蓬松感，搅拌的过程中，看肉馅的起胶程度再添加适量的水，将新鲜桑叶切碎，加入到肉馅中继续搅拌至均匀，然后再添加少许生抽，最后切少许姜丝放在肉饼上面，上蒸锅蒸 8～10 分钟。

（4）桑叶鲜肉饺

做法：把嫩桑叶用开水烫开，切碎加上肉馅拌匀，用桑叶打汁加上淀粉，用开水烫到八分熟，包成饺子状，蒸熟即可。

（5）桑叶果蒸粽

原料：糯米、香菇、莲子、绿豆、栗子、鲜桑叶、干竹叶、干水草、咸蛋黄、胡椒粉少许、五花肉、五香粉、葱油盐等调味料。

做法：糯米豆等至少泡 2.5 小时以上，然后用胡椒粉、葱油、味精、盐等腌味，将五花肉切粒用酱油、盐、味精、面粉、五香粉腌味约 30 分钟，将桑叶粗面朝下，铺在竹叶上，放一半的糯米。然后放入香菇、莲子、栗子、咸蛋黄、五花肉等料。再放上另一半糯米，用桑叶盖上，将竹叶左右两侧对摺抓紧包好，用水草包紧打结即可，用水煮粽子 4 小时即可。注意水必须浸过粽子。

（6）桑叶粥

主料：鲜桑叶 100 克，新鲜荷叶 1 张，粳米 100 克，砂糖适量。

做法：先将鲜桑叶、新鲜荷叶洗净煎汤，取汁去渣，加入粳米同煮成粥，对入砂糖调匀即可。用鲜桑叶较好，若用干桑叶就没那么鲜甜；若用干桑叶，仅 10 克就行了；粥中也可加入瘦猪肉；此粥可作点心食用。

（7）桑叶猪骨汤

主料：鲜桑叶 300 克，猪骨 500 克（猪展也行），蜜枣 3 颗，生姜片 4 片。

做法：桑叶洗净沥干水分，猪骨洗净备用；瓦煲注入清水，放猪骨与蜜枣用大火同煲至滚，然后放入桑叶煲 1 小时左右，见汤浓便可调味，即成。可加入适量的桂圆肉及枸杞子，但须在汤好前的 15 分钟前放入。加入桂圆肉可补气安神，加入枸杞子可明目补肾。

（8）桑叶猪肝汤

主料：鲜桑叶 200 克，猪肝 300 克，生姜片 4 片。

做法：桑叶洗净，猪肝切片，用清水煲汤，煮约 60 分钟，用食盐调味即可。可加入枸杞子 10 克，以增加食疗效果；若无鲜桑叶，可用干桑叶，用 50 克就够了。

（9）桑叶菜干南杏煲猪肺汤

主料：猪肺 1 个，瘦肉 200 克，南杏 15 克，菜干 100 克，鲜桑叶 200 克，蜜枣 5 粒，生姜片 4 片，精盐、绍酒各少许。

做法：将猪肺、瘦肉用水冲洗干净后切片放入炒锅内干炒，把干炒过的猪肺、瘦肉和洗净的南杏、菜干、鲜桑叶、蜜枣、生姜片等放入汤煲，加少许料酒及 2 500 克清水，加盖，先用猛火煲滚后，再用慢火煲 2 小时，调味便成。

（10）桑叶冻糕

主料：桑叶粉 5 克，琼脂 5 克，细糖 150 克。

做法：用 600 克热开水冲泡桑叶粉，加入琼脂一起蒸，蒸至琼脂完全溶化后，再加入细糖调匀，然后倒入模型杯，置电冰箱内冻结后取出，倒扣至小盘即可食用。食用时，可加奶球雪糕及车厘子等，口感更佳。

（11）凉拌桑叶菜

主料：桑叶 500 克，干辣椒 5 克，花生油 5 克，盐 2 克。

做法：把锅烧热倒入花生油，让油温到 4 成热时，再把油倒入预先准备装有干辣椒的小碗中，炸辣椒油就炸好了。锅中加入水把水烧开后，放入洗好的桑叶焯熟；把焯熟的桑叶放进准备好的一盆凉水中，泡 10 分钟。把泡好的桑叶捞出，攥干，用刀切成一寸（1 寸≈3. 33 厘米。全书同）左右的段，装盘，再放上炸辣椒油加上盐一起拌。另外，还可以依据自己的口味加其他调料，或做成其他风味的凉拌桑叶菜。

（12）桑叶炖母鸡

主料：干燥桑根片 300 克，干桑叶 30 克，老母鸡 1 只（约 1 500 克），枸杞子 2 汤匙，当归少许，米酒 300 毫升。

做法：将干桑叶洗净，加水煮 1 小时。将飞水后的鸡块、枸杞、当归、米酒放入桑叶汤中炖煮 50 分钟即可。

5. 桑叶药材

来源：桑科植物桑（*Morus alba* L.）的叶。初霜后采收，除去杂质，晒干。

别名：铁扇子、家桑叶、枯桑叶、荆桑叶、桑椹树叶、桑树叶、黄桑叶、霜桑叶、冬桑叶、白桑叶、鸡桑叶、子桑叶、山桑叶、金桑叶、晚桑叶、老桑叶、双叶、双桑叶、童桑叶、神仙叶。

性状：干燥叶片多卷缩破碎，完整者有柄，叶片呈卵形或宽卵形，长 8 ~ 15 厘米，宽 7 ~ 13 厘米；先端渐尖，边缘有锯齿，有时作不规则分裂，基部截形、圆形或心脏形，上面黄绿色，略有光泽，沿叶脉处有细小毛茸；下面色稍浅，叶脉突起，小脉交织成网状，密生细毛。质脆易碎。气微，味淡，微苦涩。以叶片完整、大而厚、色黄绿、质脆、无杂质者为佳。

炮制：除去杂质，搓碎，去柄，筛去灰屑。

性味与归经：苦甘，寒，入肺、肝经。

功用主治：祛风清热，清肝明目，清肺润燥。治风温发热，头痛，目赤，口渴，肺热咳嗽，风痹，隐疹，下肢象皮肿等。

用法用量：5 ~ 9 克。内服：煎汤或入丸、散。外用：煎水洗或捣敷。

适宜搭配：常配菊花、连翘、杏仁等同用。

临床运用：临床运用桑叶治疗自汗、盗汗颇有效验，特别是用于产后诸症而见汗多不止者效果尤佳。

贮藏：置干燥处。

参考文献

[1] 刘学铭，肖更生，陈卫东. 桑叶的研究与开发进展 [J]. 中药材，2001，24（2）：144～147.

[2] 方晓，李向荣，陈伟平，等. 桑叶浸出液对糖尿病模型大鼠降血糖作用初步观察 [J]. 浙江医学，1999，21（4）：218，230.

[3] 王谦. 桑叶的生药学研究：桑叶的糖甙 [J]. 国外医学·中医中药分册，1997，19（6）：50.

[4] 陈福君，林一星，许春泉，等. 桑的药理研究（Ⅱ）——桑叶、桑枝、桑白皮抗炎药理作用的初步比较研究 [J]. 沈阳药科大学学报，1995，12（3）：222～224.

[5] 黄东亮，田智得，冯健玲. 蚕业资源在医疗保健方面的应用 [J]. 广西蚕业，1999，36（3）：43～47.

[6] Kim S Y，Gao J J，Kang H K. Two flavonoids from the leaves of Morus alba induce differentiation of the human promyelocytic leukemia（HL-60）cell line [J]. Biol Pharm Bull，2000，23（4）：451～455.

[7] 管帮福，艾丽静，殷益明. 桑茶的药用和研制 [J]. 蚕桑茶叶通讯，1998（3）：33～34.

[8] 金丰秋，金其荣. 新型功能性饮品—桑茶 [J]. 食品科学，2000，21（1）：46～48.

[9] 朱竟若. 一种桑茶的生产工艺[P]. 中国专利：98111164. 5，1998-09-02.

第三章　桑枝和桑根

桑枝和桑根皮（桑白皮）都是被《中华人民共和国药典》（一部）正式收录的药材。桑枝是桑树的枝条，呈长圆柱形，长短不一，外皮呈灰黄色，有条状浅裂，质坚韧，有弹性，较难折断。桑根是桑树的根，呈圆柱形，粗细不一，直径通常为2～4厘米。桑根外皮通常为黄棕色或橙黄色，粗皮易鳞片状裂开或脱落，可见横长皮孔。桑根质地坚韧，难以折断。

桑枝和桑根的采收贮藏方式都比较简单。桑枝多于春末夏初采收，去叶，略晒，趁新鲜时切成长30～60厘米的段或斜片，晒干，置干燥通风处。桑根全年均可挖取，除去泥土和须根，晒干，置干燥通风处。也可将桑根刮去表面黄色粗皮，去除木质部，取白色内皮，晒干制桑白皮。

第一节　桑枝、桑根的成分

桑枝所含的化学成分比较复杂，除了含有丰富的纤维素、半纤维素、鞣质、氨基酸、维生素、有机酸和糖类如游离的蔗糖、葡萄糖、木糖、麦芽糖、水苏糖、果糖、棉籽糖、阿拉伯糖等，此外，还含有黄酮、生物碱和香豆素等活性成分。其中，桑枝黄酮类化合物主要包括桑色烯（mulberrochromene）、桑素（mulberrin）、环桑色烯（cyclomulberrochromene）、环桑素（cyclo mulberrin）、桑色素（morin）、桑酮（maclurin）、柘树宁（cudranin）、香橙素（dihydrokaempferol）等。大多数桑枝生物碱为1－脱氧野尻霉素（1 - deoxynojirimycin）及其衍生物。

桑根的主要活性成分为黄酮类化合物，还含有香豆素类、萜类、甾醇类、糖类和挥发油等物质。桑根黄酮类化合物主要包括：环桑色烯、桑根皮素（morusin）、环桑根皮素（cyclo morusin）、桑黄酮（kuwanon）、桑根皮素（moracenin）和桑根酮（sanggenone）等。还含有桑色呋喃（mulberrofuran）、伞形花内酯（umbelliferone）、东莨菪素（scopoletin）、桑糖朊（moran）及具降压作用的乙酰胆碱类似物等。

第二节　桑枝、桑根的保健功能

桑枝、桑根是常见的中药材，在我国传统中医临床上有悠久的药用历史。据中医典籍记载，桑枝味微苦，性平。归肝、肺经。具有清热，祛风，通络之功效，可用于祛风湿，通经络，达四肢，利关节，并有镇痛的作用。

桑根的药用功能，在古书中亦有记载。味甘，性寒，入肺经，具有利水消肿，泻肺平喘，修复疤痕之功效。《名医别录》中记载："利水道，去寸白，可以缝金创"。《别录》载："去肺中水气，唾血，热渴，水肿，腹满肿胀，利水道，可以缝金疮"。《本草钩元》载："利水用生，咳嗽蜜炙或炒"。《本草备要》载："如恐其泻气，用蜜炙之"。《得配本草》载："疏散风热用生，入补肺药蜜水炒拌"。《本草图经》载："桑皮汁主小儿口疮、敷之，涂金刃所伤燥痛，更剥得桑皮裹之，令汁得入疮中"。

现代药理学研究也证实桑枝、桑根（桑根皮）具有降血糖、降血脂、抗氧化、抗炎、抑菌、抗病毒等功能。

1. 降血糖作用

桑枝中含有的黄酮、多糖和生物碱等活性成分是其降血糖作用的物质基础。研究表明，用含桑枝水提取物的饲料喂四氧嘧啶糖尿病小鼠15天后，小鼠的高血糖和高血脂症状均有所改善，肾脏超重比率和N-乙酰-β-氨基葡萄糖苷酶（N-acetyl-β-D-glucosaminidase）活性降低，肾脏病理变化幅度显著降低。从而得出结论，桑枝对治疗糖尿病和它的并发症可能是有效的。通过动物体内试验研究表明，桑枝黄酮、生物碱都具有降血糖活性，尤其是桑枝生物碱（1-脱氧野尻霉素）具有明显的降血糖活性。体外试验表明，桑枝多糖对α-葡萄糖苷酶也具有较强的抑制活性。而桑根（皮）中的生物碱类物质脱二氧亚胺基葡糖醇（moranoline）同样具有降血糖作用。另外，从桑根（皮）中分离出来的一种糖蛋白 moran A 也被证实对四氧嘧啶诱发的高血糖小鼠具有剂量依赖性的降血糖效果。在高糖环境中，桑枝提取物可使培养液中 HepG2 细胞的葡萄糖消耗量增加，同时桑枝、桑根皮提取物对胰岛素刺激的 HepG2 细胞葡萄糖消耗具有协同增强作用。

2. 降血脂作用

研究表明，桑枝提取物能显著降低高血脂症大鼠的血清甘油三酯（TG）、总胆固醇（TC）、低密度脂蛋白胆固醇（LDL-C）和提高高密度脂蛋白胆固醇（HDL-C）的含量，说明桑枝具有良好的降血脂作用，对动脉粥样硬化的形成和发生具有一定的预防作用。

3. 降血压作用

日本学者最早于1983年用桑根皮提取物对兔进行降血压实验，证实桑根皮提取物具有较好的降血压作用。随后有研究证实，桑根皮提取物中的黄酮类化合物 kuwanon G、H，sanggenon C、D，桑呋喃 C、F、G 等都具有降血压活性，这些化合物的降血压机理可能与抑制 cAMP 磷酸二酯酶活性有关。通过体外试验发现，桑根皮提取物能显著对抗去甲基肾上腺素，增加离体大鼠肠系膜毛细血管交叉数目，改善血流状态和血流速度，具有较好的降血压效果。另外，有研究报道，桑根皮中的乙酰胆碱类似物也具有降血压活性。

4. 抗炎作用

研究表明，桑枝提取物能有效抑制巴豆油所致小鼠耳肿胀、角叉莱胶所致小鼠足浮肿、醋酸所致小鼠腹腔液渗出，同时还能有效缓解由福尔马林所引起的小鼠疼痛反应，具有显著的抗炎止痛作用。研究者通过检测桑根皮黄酮类化合物对小鼠血小板匀浆组织中花生四烯酸代谢的影响，发现桑根皮黄酮类化合物在高浓度时能够抑制环氧合酶 12 -脂氧合酶的活性，而其抗炎作用可能是通过选择性抑制 12 -脂氧合酶代谢产物来实现的。

5. 抗氧化作用

桑枝和桑根中含有丰富的多酚、黄酮、多糖等活性物质，这些物质均具有良好的抗氧化作用。研究表明，桑枝中多糖及其衍生物具有较强的自由基清除能力。而桑枝、桑根中的黄酮类化合物如槲皮素、芦丁、桑色素、桑黄酮等都具有清除自由基，抑制过氧化氢脂质体形成的功能。

6. 抑菌抗病毒作用

桑枝、桑根中的黄酮类化合物，特别是具有异戊烯基结构的黄酮类化合物如桑黄酮、桑根皮素等，对金黄色葡萄球菌、枯草芽孢杆菌、沙门氏菌等都具有良好的抑菌活性。桑黄酮 G 还对真菌如表链球菌、致牙周炎菌、血链球菌等具有较强的抑制作用。研究表明，桑枝、桑根提取物对单纯疱疹 I 型病毒株（HSV - I）、甲型流感病毒株（FluA - H1N1）及呼吸道合胞病毒株（RSV）均具有较强的抑制活性。有研究报道，桑枝、桑根中的活性成分 1 - 脱氧野尻霉素（1 - DNJ）具有抑制艾滋病病原体 HIV 的活性。由于艾滋病病原体 HIV 是借助外膜糖蛋白（gp120）附着于 T 辅助细胞的 CD4 细胞受体上，通过细胞融合形成合胞体而启动感染环的。而桑枝、桑根中的1－脱氧野尻霉素是α－葡萄糖苷酶的抑制剂，可干扰外膜糖蛋白N－侧链多聚糖结构的合成，从而阻断gp120－CD4的结合，减少或阻止合胞体形成，减弱HIV的感染力。体外试验还证实，桑枝、桑根中的黄酮类化合物momrusin和kuwanon H也具有一定的抗艾滋病病毒（HIV）活性作用。

7. 抗肿瘤作用

研究表明，桑枝、桑根的水提液对肿瘤细胞都具有较强的细胞毒活性，在桑枝皮中的糖苷类化合物能抑制人肺癌细胞的生长与扩散，并在一定浓度范围内呈现剂量依赖性，且对正常细胞安全、无毒。进一步研究证实，桑枝、桑根中的黄酮类化合物Moracin，Kuwannon G，Sanggenon D等均能抑制蛋白质激酶C的活性，其中Moracin有显著抑制小鼠皮肤肿瘤生长的作用，Kuwannon G和Sanggenon D也具有一定的抗肿瘤活性。

第三节 桑枝、桑根产品及食药用方法

1. 桑枝、桑根菜谱

随着人们“食疗养生”的观念日益增强，桑资源因其独特的保健功能，逐渐被人们所接受，以桑枝、桑根为原料的菜品也日渐丰富。

（1）老桑枝煲鸡。每次用老桑枝30克，母鸡一只约1 500克，食盐少许。将鸡洗净去内脏，切块。切好的鸡块与老桑枝同时放进锅中，加水适量煲汤，调味，饮汤食鸡肉。老桑枝煲鸡有益精髓，祛风湿，利关节的功效。民间常用以治疗风湿关节炎，神经根型颈椎病，四肢酸痛麻痹，慢性腰脊劳损等症。

（2）桑枝煲龙骨。龙骨1 000克，老桑枝50克，生姜、小葱少许。先将龙骨过热水，煮至血腥浮沫起，捞出冲净浮沫控水备

用。再以炒锅将姜片爆香，将龙骨入锅翻炒，烹料酒1勺。待龙骨表面略微收缩焦香后倒入汤煲中，一次性加入足量清水，加入生姜片及葱结1个，大火煮开转中小火加盖煲制，龙骨煲制约50分钟后，取出生姜片及葱结扔掉，继续煲制30分钟左右，调味即可。此汤有祛风湿，利关节的功效。

（3）桑枝鸡内金瘦肉汤。每次用瘦肉100克，鸡内金5克，桑枝15克，桑椹10克。瘦肉洗净后原件下煲，各料共置瓦煲，加水5碗，大火煮开转中小火加盖煲制，约2小时后即可食用。此汤具有去油性脱发、平衡分泌、防止再脱的功效。

（4）松枝酒。将松节30克，桑枝30克，桑寄生30克，钩藤30克，续断30克，天麻30克，狗脊30克，乌梢蛇75克，秦艽30克，木香30克，海风藤30克，五加皮30克，菊花30克，蜈蚣5克，捣碎后置于容器中，加入白酒5 000克密封浸泡7天后，过滤去渣，取浸液；另将狗胫骨300克置于锅中，加入1 500毫升清水，用文火煎至500毫升时倒入浸液中混匀；再密封静置3日后即可。本品具有祛风散寒通络之功效，适用于风湿等症患者饮用。

（5）桑根皮炖兔肉。每次用兔肉250克，桑根皮20克。将桑根皮洗净备用；兔肉洗净，切块备用；将两者同时放入砂锅内，加适量清水煮至兔肉熟烂；再加入适量的盐和麻油调味即可服用。本品具有补中益气，利水消肿之功效，对患糖尿病的中老年人非常适用。

（6）桑根皮羊肉汤。每次用鲜桑白皮60克，羊肉50克，姜、葱、炒芝麻面各少许。将桑根皮洗净切丝，用清水煮30分钟，去渣留汁；将羊肉洗净切片，用桑白皮汁小火煮30分钟，加入姜汁、盐、酱油、葱段适量，再煮15分钟。起锅后加入味精、香油、炒芝麻面，搅匀即可食用。本品肉嫩汤鲜，具有和胃消肿之功效。

（7）桑皮茯苓猪骨汤。每次用桑白皮 10 克，茯苓 20 克，猪骨 300 克，蜜枣 2 颗。将桑根皮、茯苓洗净后浸泡 20 分钟，蜜枣去核。猪骨洗净斩件，放沸水中焯出泡沫后捞起。砂煲里放 6 碗水，煮沸后将上述所有材料全部放进砂煲，大火煲沸后转小火煲 2 个小时即可。喝时落盐调味。本品具有健脾利湿，化痰等功效。适用于上呼吸道感染、支气管炎、肺炎后期见咳嗽痰多或久咳声嘶者。

（8）桑根皮赤豆鲫鱼汤。每次用鲫鱼约 800 克，赤小豆 150 克，桑根皮 100 克，姜、陈皮、盐各少许。将鲫鱼去鳞、去鳃去内脏，洗净备用。赤小豆洗净、浸泡，桑白皮洗净。将鲫鱼、赤小豆、桑白皮、老姜、陈皮同时放入开水锅内，小火煮 2 小时，加盐调味即可。本品具有清热解毒，消肿利尿的功效。

（9）桑杏猪肺煲。每次用猪肺 250 克，甜杏仁 20 克，桑根皮 15 克，香油、盐各少许。将猪肺反复擦洗干净，焯后切块。甜杏仁用开水浸泡去皮，桑白洗净，与猪肺同入砂锅内，加水适量，共煮。猪肺煮烂后，盛入大碗内，用香油、精盐调味即可。本品具有清肺平喘的功效。适用于治疗体质壮实但肺热喘咳、痰多胸闷者。

（10）地骨皮粥。每次用小麦面粉 100 克，地骨皮 30 克，桑根皮 15 克，麦门冬 10 克。取地骨皮、桑白皮、麦冬放入砂锅浸泡 20 分钟，煎 20 分钟，去渣取汁，面粉调成糊共煮为稀粥。本品清肺凉血，生津止渴。适用于糖尿病、多饮、身体消瘦者。

2. 桑枝、桑根药材及常用验方

桑枝、桑根（皮）作为我国的传统中药材，在中医临床上应用十分广泛。

按照不同的炮制方法，桑枝可分为生桑枝、炒桑枝、炙桑枝和酒桑枝。中医处方中的桑枝、桑条、嫩桑枝均指生桑枝，为原药材去杂质切片生用入药者。炒桑枝为桑枝片用文火炒至淡黄色晾凉入药者。炙桑枝为净桑枝片拌麦麸用文火炒至深黄色，筛去麸皮，晾凉入药者。酒桑枝又称酒炒桑枝，为桑枝片用酒淋洒，微闷，待吸干，再用文火炒至微黄入药者。

桑根皮（桑白皮）按照炮制方法，可以分为桑白皮、炒桑白皮和蜜桑白皮。桑白皮为原药材除去杂质与残留粗皮，洗净，晒至八成干，润匀，切成0.6～1厘米顶头片，干燥。炒桑白皮，为桑皮片炒至微黄、略具焦斑者。蜜桑白皮，取炼蜜用适量开水稀释后，加入净桑白皮丝中，拌匀，闷润，文火炒至表面深黄色，不粘手时，取出，摊晾，凉透后及时收藏。桑白皮每100千克，用炼蜜25千克。

常用验方选录：

治疗臂痛："桑枝一小升，细切，炒香，以水三大升，煎取二升，一日服尽，无时。"（《本事方》）

治疗水气脚气："桑条二两，炒香，以水一升，煎二合，每日空心服之。"（《圣济总录》）

治疗紫癜风："桑枝十斤（锉），益母草三斤（锉），上药，以水五斗，慢火煎至五升，滤去渣，入小铛内，熬为膏。每夜卧时，用温酒调服半合。"（《太平圣惠方》桑枝煎）

双桑降压汤：治高血压病。桑枝、桑叶、茺蔚子各15克，加水1 000毫升，煎至600毫升。卧前洗脚30～40分钟后即卧。方中桑枝降血压，为君药。

治疗肩周炎：桑枝20克，鸡血藤、威灵仙各30克，当归20克，羌活、桂枝、白芍、姜黄、防风各15克，细辛5克（后下），水煎服，每日1剂。加减：右肩痛者加黄芪20克；左肩痛者加首乌20克；痛甚者加乳香、没药各15克；麻木者加全蝎5克，僵蚕10克；腰膝痛者加川断20克，寄生15克；病久不愈者加穿山甲10克，乌梢蛇15克。

治小儿肺盛、气急喘嗽：地骨皮、桑白皮（炒）各50克，甘草（炙）5克。锉散，入粳米一撮水二小盏，煎七分，食前服（《小儿药证直诀》泻白散）。

治水饮停肺、胀满喘急：桑根白皮10克，麻黄、桂枝各7.5克，杏仁14粒（去皮），细辛、干姜各7.5克，水煎服（《本草汇言》）。

治肺气喘急、坐卧不安：桑根白皮锉，甜葶苈隔纸炒。上二味等分粗捣筛。每服15克，水一盏煎至六分，去滓食后温服，微利为度（《圣济总录》泻肺汤）。

治水肿通身皆肿：桑根白皮（炙黄色锉）250克，吴茱萸（水浸一宿炒干）100克，甘草（炙）50克。每服五钱匕用水二盏生姜一枣大（切），饴糖半匙煎至二盏，去滓，温服（《圣济总录》桑白皮汤）。

治咳嗽甚者或有吐血殷鲜：桑根白皮500克（米泔浸三宿净刮上黄皮，锉细）入糯米200克（焙干），一处捣为末。每服米饮调下50克（《经验方》）。

治腰脚疼痛筋脉挛急，不得屈伸坐卧皆难：桑根白皮50克（锉），酸枣仁50克（微炒），薏苡仁50克。上件药捣筛为散。每服20克，以水一中盏煎至六分，去滓，每于食前温服（《圣惠方》桑根白皮散）。

第四节　桑枝药用菌的药理作用

桑枝是栽培食药用菌的好材料。目前，利用桑枝栽培的食药用菌有灵芝、桑黄、木耳等数十种之多。本节以药用价值高的灵芝和桑黄为代表进行介绍。

灵芝和桑黄作为拥有数千年药用历史的中国传统珍贵药材，具备很高的药用价值，具有抗肿瘤、调节免疫、抗衰老、保肝、降血糖、保护心脏、改善血液循环、抗炎镇痛等广泛的药理作用，且无明显不良反应等优势被广泛地应用于临床医学。

1. 桑枝灵芝

（1）桑枝栽培灵芝技术

桑枝是蚕桑生产副产物，每亩桑田每年可产桑枝 1 吨左右，我国目前约有桑田 1 500 万亩，可见桑枝资源数量之巨大。但目前桑枝大部分都作为废弃物丢弃浪费或仅作柴火，这是一笔巨大的可开发资源。灵芝是一种著名的药用菌，目前多用原木栽培，对保护森林资源极为不利。用桑枝代替森林原木栽培灵芝，不仅具有变废为宝、提高蚕桑生产整体经济效益的作用，还具有保护森林资源的重大意义。

在广东，习惯进行桑枝的冬刈，剪伐季节一般在冬至前后，这时有大量桑枝可供栽培灵芝使用，所以桑枝灵芝栽培的制作时间宜在 12 月下旬至 1 月上旬，3 月上旬下地栽培，5 月采芝，既满足了灵芝的温湿度生长条件而容易获得高产，又配合了蚕桑生产的季节安排。

从 1997 年开始广东省农业科学院蚕业与农产品加工研究所进行了桑枝栽培灵芝的综合开发技术及规模化生产试验研究，成功地筛选出适宜于桑枝栽培的灵芝菌株，并建立了高产栽培技术。为了进一步提高桑枝灵芝的经济效益，还进行了灵芝鸡开发、桑枝灵芝盆景和桑枝灵芝深加工等试验研究。目前已投放市场的产品有桑枝灵芝子实体、桑枝灵芝切片、桑枝灵芝超微粉、桑枝灵芝孢子粉、桑枝灵芝盆景、灵芝鸡、桑枝灵芝虫草胶囊等，深受消费者的喜爱。从市场反馈的信息来看，桑枝栽培灵芝的综合开发技术及规模化生产有着广阔的市场前景和研究价值。

（2）桑枝灵芝的有效成分

灵芝的主要药理药效成分是灵芝多糖和灵芝腺苷，此外还富含其他的有效成分如多肽类、灵芝酸、有机锗、三萜类等。广东省农业科学院蚕业与农产品加工研究所委托广州分析测试中心对桑枝灵芝和其他灵芝进行了测定，测试结果表明，桑枝屑灵芝和桑枝条灵芝的多糖含量均明显高于杂木屑灵芝和原木灵芝，其中，桑枝屑灵芝多糖比杂木屑和原木灵芝多糖高达一倍或接近一倍（表3－1）。在灵芝腺苷方面，桑枝屑灵芝和桑枝条灵芝的含量虽比原木灵芝的稍低，但都比杂木屑灵芝的高一倍多。桑枝灵芝由于其灵芝多糖含量高而显示了它在药理药效方面有其特殊之处。

表3－1　几种灵芝主要有效成分分析

样　　品	灵芝多糖（%）	灵芝腺苷（%）
桑枝屑灵芝	0.90	2.68×10^{-3}
桑枝条灵芝	0.70	2.60×10^{-3}
杂木屑灵芝	0.45	1.27×10^{-3}
原木灵芝	0.50	3.08×10^{-3}

注：由广州分析测试中心测定

（3）桑枝灵芝的药效

众所周知，灵芝是名贵药用真菌。我国应用灵芝作为药物已有悠久的历史。东汉时期的《神农本草经》已把灵芝类列为“上品”（即有效无毒的药物）。明代李时珍在《本草纲目》一书中对灵芝的记载更为详尽：二十八卷“菜部”记述“灵芝性甘平，无毒，久服甚益人”。古代医药学家通过临床实践认为它能防治多种疾病，是滋补强身、扶正固本的珍品。现代研究表明，灵芝对人和动物机体具有养生调理、提高免疫力、延年益寿的功效，对心脑血管疾病及高血脂、肝炎、糖尿病、高血压、神经衰弱、白细胞减少症、慢性支气管炎和哮喘等均有明显的疗效，灵芝的药用作用已被近代医学和药物化学所证实。桑枝是清凉解暑、祛风解表的中药，用桑枝栽培的灵芝比一般灵芝更具有清凉解毒、有效成分高的特点。

研究表明，桑枝灵芝对人和动物机体具有以下七大功能。

①抗肿瘤及抗放射的功能。桑枝灵芝中所含的多糖类、多肽

类能大幅度提高人体免疫功能，促进肿瘤坏死因子（TNF）、白介素 VI、INF－γ 干扰素的形成；灵芝酸具有强烈的药理活性，可毒杀肿瘤细胞；有机锗可从肿瘤部位夺取电子，提高其电位，使肿瘤处于一种不利于其生长的环境；灵芝多糖能促进骨髓蛋白质、核酸的合成，加速骨髓的细胞分裂增殖，使患者对放化疗的耐受性增强，毒副反应减少；最重要的是灵芝中的三萜类成分能启动癌细胞自动凋亡系统，达到抗癌的目的。一般晚期患者服用后，恶性病质能得以改善并提高生存质量，放化疗患者服用后表现为白细胞数量增加，食欲、睡眠有所改善等。

②对心血管系统的功能。桑枝灵芝富含有机锗，是人参的4～6倍，国际医学界对其能帮助机体排除血液有害物质这一特异功能称之为“血管清道夫”。它对心血管系统有强心作用，能改善冠脉流量和微循环，增加缺血区的心肌供血和供氧，缓解心前区闷胀或紧压感和心绞痛、心跳、气短等症。

③保肝解毒功能。桑枝灵芝提供肝代谢和修复所必需的氨基酸、糖和微量元素，能促进受损肝细胞的修复，对谷丙转氨酶、黄疸指数均有降低作用。

④降压降脂功能。桑枝灵芝能明显降低血清胆固醇、甘油三酯、β 脂和蛋白浓度，从而使高血压患者的自觉症状明显改善，与降压药同服有协同作用，表现为血压易控制且较稳定，长期服用，效果更好。

⑤对神经系统的调节功能。桑枝灵芝对神经衰弱、失眠有显著效果，一般患者服用 1～2 周便表现为睡眠改善、食欲增进，心悸、头痛、头晕减轻或消失，精神振奋，记忆力增强，体力增加，一些患者合并的畏寒、腰酸等症状也有不同程度的改善。

⑥提高免疫功能。人类许多疾病最根本的原因多是由于免疫力低下造成的，桑枝灵芝能提高细胞免疫和体液免疫，增强抗病能力，能使消炎、抗肿瘤药物引起的免疫功能抑制和衰老造成的

免疫功能障碍得以恢复。

⑦对呼吸系统的功能。桑枝灵芝能促进气管纤毛柱状表皮细胞的再生，有止咳、祛痰的效果，一般服用10多天效果就明显地显现出来。

在中国、日本和韩国，尤其是我国的台湾省，灵芝类产品在一部分人中已成为每天必服的保健品。随着医药科学研究的不断深入，灵芝防病、治病、保健的功能正逐步被人们的认识，灵芝这一“东方神奇仙草”必将成为造福于民的保健食品。

（4）桑枝灵芝鸡

灵芝鸡乃广东省农业科学院科技人员用桑枝灵芝（用桑树枝条作培养基栽培而成）、高抗病毒品种桑叶与多种蚕桑副产物，科学配伍，制成灵芝鸡饲料，选用正宗农家乡下鸡鸡种精心饲育而成。

如上所述，桑枝灵芝对人和动物机体具有以上诸多功能。而桑叶蛋白质含量非常高，高抗病毒品种桑叶对流感病毒具有有效的防治作用。添加这些特有的材料，配制成灵芝鸡饲料，选用正宗农家乡下鸡鸡种，再加上科学的饲育方法，养育出来的就是灵芝鸡。

灵芝鸡自然放养于山清水秀之无污染山地桑园中达150天以上，饲料中不添加任何激素、色素，所以灵芝鸡毛色整齐光亮，皮色莹白不黄，皮下脂肪少，骨稍硬，鸡香味浓郁，鸡味鲜甜，皮爽肉脆，是100%的健康、绿色食品，是优质鸡中的精品。它的核心技术已获得国家授权专利，专利号ZL00114027.2。

灵芝鸡具有以下特点。

①饲料中不添加任何激素、色素，鸡只皮下脂肪少，皮色莹白不黄，是100%的绿色食品；

②在无污染的桑园中全程放养150天以上，鸡只运动量大，因而鸡肉结实，骨稍硬、皮爽肉脆、鸡味浓郁鲜甜；

③毛色整齐光亮、冠鲜红、颈部淋巴减少或消失；

④由于饲料中桑枝灵芝、高抗病毒品种桑叶和多种其他有效成分的作用，鸡肉蛋白质及氨基酸含量高，脂肪少，味道鲜美。

由广东省畜禽饲料研究实验分析中心检测的数据表明，灵芝鸡肌肉蛋白质含量比对照提高6.1%，脂肪含量下降38.2%，16种氨基酸含量提高13.4%，其中，鲜甜类氨基酸有大幅的提高（表3-2）。

表3-2　灵芝鸡肌肉营养成分的比较

测定项目 处理	蛋白质（%）	脂肪（%）	16种氨基酸总量（%）	其中			
				谷氨酸	甘氨酸	蛋氨酸	赖氨酸
对照组（普通标准饲料）	80.91	3.17	71.17	8.41	3.75	2.83	6.36
灵芝组（桑枝灵芝配方）	85.84	1.96	80.92	9.88	4.26	3.04	7.32

注：由广东省畜禽饲料研究实验分析中心检测

2. 桑枝栽培桑黄

（1）桑黄的化学成分

据资料报道，*P. igniarius* 的菌体内含落叶松蕈酸（菌丝体内不含该成分）、藜芦碱、蘑菇酸、间位二甲氧苯二甲酸等脂肪酸、麦角甾醇、过氧化物酶、氨基酸等成分，Dombrovska 等还报道了 *P. igniarius* 中木质纤维素的生物转化。莫顺燕等首次从 *P. igniarius* 中分离得到5个黄酮和2个香豆素类化合物，分别为柚皮素、樱花亭、二氢莰非素、7-甲氧基二氢莰非素、北美圣草素、香豆素及苠砻亭；后来又分离得到两个新的二氢黄酮衍生物，分别为5，7，4′-三羟基-8-邻羟苄基二氢黄酮和5，7，4′-三羟基-8-邻羟苄基二氢黄酮。Akito 等用 FG-HMBC 分光镜法分析天然 *P. linteus* 子实体甲醇提取物，得到两种新的化合物，桑黄黄酮 A 和 B。白日霞等用0.1摩尔/升 NaOH 从 *Phellinus linteus* 中提取得到一种水溶多糖 R1，分析鉴定为主链 1－6 甘露糖、侧链1－3葡萄糖的甘露聚糖。Kim 等通过 DEAE 纤维素阴离子层析从 *P. linteus* 子实体粗多糖中分离得到一种酸性蛋白多糖，经 Sepharose CL－4B 凝胶过滤后测得该多糖分子量约为150 000。该蛋白多糖由72.2%多糖和22.3%蛋白质组成，其中，多糖部分主要由甘露糖、半乳糖、葡萄糖、树胶醛醣和木糖构成，蛋白质部分包含了大量的天门冬氨酸、谷氨酸、丙氨酸、甘氨酸和丝氨酸。

（2）桑黄的药理作用

①桑黄的抗突变作用。Shon 等在抗突变试验中发现，桑黄提取物中含有抗突变成分，可有效地抑制直接诱变剂4－硝基邻苯二胺（NPD）、叠氮钠（NaN_3）和间接诱变剂2－氨基芴（2－AF）、苯并（a）芘［B（a）P］对沙门氏菌的诱变作用。在抗 B（a）P 中，其作用机制可能是通过阻止一种酶系统或帮助非致癌代谢产物的合成，从而阻碍初级和次级代谢产物的生成。这4种诱变剂的作用模式并非完全一致，而桑黄都表现出抗突变作用，可能是桑黄中含有多种抗突变成分。研究还发现桑黄提取物能够诱导相Ⅱ解毒酶包括苯醌氧化还原酶（QR）和谷胱甘肽 S 转移酶（GST）的活性，并且提高了谷胱甘肽（GSH）的水平。

②肝纤维化抑制作用。张万国等在抗肝纤维化试验过程中发现，桑黄提取物不仅能保护肝细胞，促进肝功能恢复，而且同时抑制肝脏内胶原纤维增生，改善肝组织结构，呈现出明确的抗肝纤维化效果。其作用机理是，在体内可抑制白细胞介素－4（IL－4）介导的炎症反应，同时诱导淋巴细胞产生 γ－干扰素（IFN－γ），进而抑制肝星状细胞（HSC）活化、增殖及胶原合成能力，减轻肝脏内 ECM 过量沉积。

③抗脂质过氧化作用。用 CCl_4 诱导大鼠肝纤维化过程中，脂质过氧化是其主要的肝损伤机制。模型组大鼠血清活性氧显著升高，肝组织脂质过氧化产物 MDA 大量生成，SOD 活性受到明显抑

制。桑黄虽然不能明显减少 MDA 的生成，但可以一定程度提高 SOD 活性，并且使血清中活性氧明显降低，表现出较好的清除氧自由基作用。

④抗癌作用。桑黄的抗癌功能最早被日本学者 Tetsuro Ikekawa 等发现，研究表明桑黄野生子实体的提取物对小鼠肉瘤 180 的抑制率为 96.7%。研究还表明具有抗癌作用的物质是桑黄子实体中的多糖。车会莲等用桑黄提取物作用于移植性肿瘤实验中，发现桑黄提取物可显著抑制肿瘤的生长，表现为瘤重和瘤体比随剂量增加而降低；对各主要脏器没有显著影响；在对荷瘤小鼠细胞免疫功能方面的影响表现为明显的促进作用，其抗肿瘤作用的最佳剂量为 200 毫克/千克体重。据日本代替综合医疗研究会报道，应用桑黄治疗 30 例（男 16 例、女 14 例）癌症（胃癌 6 例、肺癌 4 例、肝癌 6 例、胆管癌 2 例、食管癌 2 例、直肠癌 5 例、多发性骨髓瘤 2 例、膀胱癌 2 例、韦格纳肉芽肿病 1 例）患者，服用 7～8周后，生存质量（QOL）改善者 19 例、无变化 4 例、不良 7 例。不同的学者从桑黄中发现了多种不同的抗癌多糖，其中为 β-1，3-葡聚糖在 C-6 有葡萄糖分支的抗癌效果最好。研究表明，动物使用桑黄后，单核-吞噬细胞的吞噬指数 K 和吞噬系数 α 明显增高，并可提高脾系数和胸腺系数，促进 ConA 诱导的 T 淋巴细胞增殖反应；在 MTT 法测定桑黄的体外抑瘤作用中未发现对肿瘤细胞的直接细胞毒副作用。其主要是通过增强机体的免疫功能来杀伤肿瘤细胞，从而达到抗肿瘤的目的，而且无毒副作用，也有助于减轻肿瘤化疗中的副作用。Kim 等进一步研究发现，蛋白激酶 C（PKC）抑制剂和蛋白酪氨酸激酶（PTK）抑制剂能抑制巨噬细胞的抗肿瘤活性，阻碍 NO 的生成及巨噬细胞中表面分子的表达；而桑黄酸性多糖能够刺激产生 NO，并通过增加表面分子引发细胞调节免疫性，从而表现出抗肿瘤活性。

⑤增强人外周血单个核细胞（PMNCs）产生 γ-干扰素

（IFN－γ）的作用。张万国等研究了桑黄在体外对 PMNCs 的作用过程，发现桑黄对 PMNCs 分泌IFN－γ有直接诱生作用，而 IFN－γ 具有明显的抗肿瘤活性，能抑制前癌基因表达，阻止肿瘤细胞从 G0 期进入 G1 期，抑制肿瘤细胞的增殖；还能诱导 T 细胞辅助抗体产生，增强细胞毒 T 细胞和 NK 细胞对肿瘤的杀伤作用。IFN－γ 还作用于巨噬细胞、T 细胞、B 细胞等调节机体的免疫功能。

⑥抗血管生成作用。对癌症病人来说，抗血管治疗是治疗癌症的一个重要组成部分。通过小鸡胚胎绒毛尿囊膜（CAM）检测，发现桑黄的乙醇提取物包含有效的抗血管生成物质，桑黄的这种抗血管活性可能支持抗肿瘤活性。

⑦降血糖作用。Kim 等用桑黄多糖喂用链脲霉素导致的糖尿病大鼠，结果显示：桑黄多糖能够降低血糖，同时减少总胆固醇、三酰甘油和天冬氨酸转氨酶。

⑧抗肺炎作用。Beom－Su Jang 等用桑黄提取物预处理大鼠的试验中，发现桑黄提取物能够抑制肺炎大鼠炎症细胞包括嗜中性粒细胞的数量及白介素（IL）－1β 的水平。

参考文献

[1] 许延兰，李续娥，邹宇晓，等. 广东桑枝的化学成分研究 [J]. 中国中药杂志，2008，33（21）：2 499～2 502.

[2] 吴东玲，张晓琦，黄晓君，等. 广东桑根皮的化学成分研究 [J]. 中国中药杂志，2010，35（15）：1 978～1 982.

[3] 姜乃珍，薄铭，吴志平，等. 中药桑枝化学成分及药理活性研究进展 [J]. 江苏蚕业，2006，28（2）：4～7.

[4] 黎琼红，张国刚，董淑华. 桑属植物化学成分及药理活性研究进展 [J]. 沈阳药科大学学报，2003，20（5）：386～390.

[5] 汪宁，朱荃，周义维. 桑枝、桑白皮体外降糖作用研究 [J]. 中药药理与临床，2005，21（6）：35～36.

[6] 吴志平，周巧霞，顾振纶，等. 桑树不同药用部位的降血糖效果比较

[J]. 蚕业科学, 2005, 31 (2): 215 ~217.

[7] 赵艳丽, 黄亦琦. 桑类药材降血糖活性成分的研究进展 [J]. 海峡药学, 2009, 21 (8): 13 ~15.

[8] 邹宇晓, 吴娱明, 廖森泰, 等. 桑枝的化学成分, 药理活性及综合利用研究进展 [J]. 全国桑树种质资源及育种和蚕桑综合利用学术研讨会, 2005 (11): 314 ~318.

[9] 吴娱明, 邹宇晓, 廖森泰, 等. 桑枝提取物对实验高血脂症小鼠的降血脂作用初步研究 [J]. 蚕业科学, 2005, 31 (3): 348 ~350.

[10] 吴志平, 谈建中, 顾振纶. 中药桑白皮化学成分及药理活性研究进展 [J]. 中国野生植物资源, 2004, 23 (5): 10 ~12.

[11] 刘明月, 牟英, 李善福, 等. 桑枝 95% 乙醇提取物抗炎作用的实验研究 [J]. 山西中医学院学报, 2003, 4 (2): 13 ~14.

[12] 廖森泰, 何雪梅, 邹宇晓, 等. 广东桑桑枝总黄酮含量测定及与体外抗氧化活性的相关性研究 [J]. 蚕业科学, 2007, 33 (3): 345 ~349.

[13] 周吉银, 王稳, 周世文. 桑的不同药用部位药理作用研究进展 [J]. 中国新药与临床杂志, 2009 (12): 895 ~899.

[14] 张国刚, 黎琼红, 张洪霞, 等. 桑白皮抗病毒有效成分的提取分离及体外抗病毒活性研究 [J]. 沈阳药科大学学报, 2005, 22 (3): 207 ~209.

[15] 李孟璇, 管福琴, 孙视, 等. 桑枝中苯并呋喃类化合物结构鉴定及抗肿瘤活性的研究 [J]. 时珍国医国药, 2010, 21 (12): 3 343 ~3 344.
http: //www. piaoxiang. org. cn/Html/caipu/index. shtml

[16] 任德珠, 等. 桑枝灵芝的高产栽培技术. 广东蚕业, 2002, 36 (2): 39 ~43.

[17] 任德珠, 等, 桑枝栽培灵芝初探. 广东农业科学, 1999 (2): 44 ~46.

[18] 林志彬, 灵芝的现代研究 (第三版). 北京: 北京大学医学出版社, 2007, 199 ~350.

[19] 孙德立, 包海鹰, 图力古尔. 鲍氏层孔菌子实体的化学成分研究. 菌物学报, 2011, 30 (2): 361 ~365.

[20] 吴声华. 珍贵药用菌 "桑黄" 物种正名. 食药用菌, 2012, 20 (3): 177 ~179.

第四章　桑　果

第一节　桑果成分

桑果，又称桑椹，还有桑枣、桑实、桑子等名称，是桑树的果实。过去桑果在生产上主要用来收集种子，繁殖桑苗，然而桑果中种子仅占鲜重的3%左右，果汁却占了75%～85%。桑果是一种优质的水果资源，现在有人把它称为“第三代水果”之一。根据中国食物营养成分表，桑果平均含蛋白质1.7%，碳水化合物9.7%，脂肪0.4%，膳食纤维4.1%，灰分1.3%，矿物质元素中硒含量较高，每100克桑果含硒5.65毫克。

果桑栽培面积很广，从东北的辽宁到西南的云贵高原，从西北的新疆维吾尔自治区到东南沿海各省均可种植。果桑品种资源丰富，全国主栽品种包括粤椹“大10”、塘10、红果2号、云桑2号等，此外还有山东夏津黄河古道白桑果，新疆白桑、药桑等特色果桑品种。在广东省农业科学院蚕业与农产品加工研究所建有国家首个果桑种质资源圃。现保存品种资源100余份。经分析检测，不同品种间的成分差异显著，如鲜榨桑椹汁中的蛋白质、脂肪、氨基酸、维生素、矿物质等营养成分含量的差异为1～3倍；其所含的花青素、白黎芦醇在不同品种的桑椹中含量差异可高达近20倍之多，对86个桑椹品种花青素进行检测结果如表4－1，可见花青素含量为118～2 538毫克/升。

表 4-1 86 个果桑品种果汁花青素含量 （单位：mg/L）

编号	品种	含量	编号	品种	含量
1	云桑 2 号	2538	44	69	670
2	果桑 1 号	1605	45	粤诱 36	660
3	桑特优 2 号	1583	46	南建 6	653
4	JP1	1472	47	北 1	642
5	崖 1	1416	48	桂诱 10-19	640
6	97-103	1380	49	苗 61	617
7	7403	1323	50	粤诱 201	616
8	北-2-8	1317	51	丁 50	610
9	果选 04-55	1227	52	果选 04-35	610
10	鱼珠	1182	53	98-10	610
11	粤诱 34	1155	54	7320	603
12	98-12	1150	55	粤诱 18	577
13	桂诱 2120	1090	56	北-1-13	559
14	红果 2 号	1089	57	7832	559
15	试 11	1049	58	伦 408	546
16	德新 2	1026	59	6301	546
17	大 10	1000	60	选 25	544
18	大 10	1000	61	果 1	544
19	诱选 02-29	973	62	粤诱 51	523
20	北-3-12	973	63	桥头 2	519
21	抗选 01-19	958	64	南 2	490
22	塘 10	910	65	苗 66	478
23	诱选 02-3	906	66	粤诱 988	473
24	粤诱 102	893	67	北-3-5	466
25	抗锈 3	886	68	通玉 44	458
26	98-7	876	69	上山 29	455
27	粤诱 10	865	70	广 6	416
28	代场 1	849	71	果选 04-51	410
29	抗选 01-28	849	72	桂诱 154	386
30	新 1	839	73	粤诱 46	373
31	JP3	822	74	桂诱 7 号	373
32	九 4	812	75	湛 1432	349
33	州畅 3	797	76	打洛 1 号	336
34	选 26	771	77	桂诱 70	307

续表

编号	品种	含量	编号	品种	含量
35	粤诱 104	766	78	粤诱 87	276
36	果 2	766	79	湘 7920	269
37	粤诱 106	763	80	选 27	249
38	塘 39	761	81	60	200
39	JP2	751	82	7416	181
40	97－68	739	83	粤诱 103	170
41	北－1－1	685	84	北－2－5	153
42	7842	682	85	7858	130
43	7616	676	86	塘 31	118

对其中 21 种桑椹花青素的指纹图谱研究结果表明，矢车菊-3－芸香苷（C3R）、矢车菊－3－葡萄糖苷（C3G）、天竺葵－3－葡萄糖苷（Pg3G）和另一未知峰为桑椹花青素的 4 种主要单体，其中 C3G（图 4－1）和 C3R（图 4－2）两个共有峰占四个共有峰峰面积的 90% 左右，是桑椹花青素的主要组成部分。

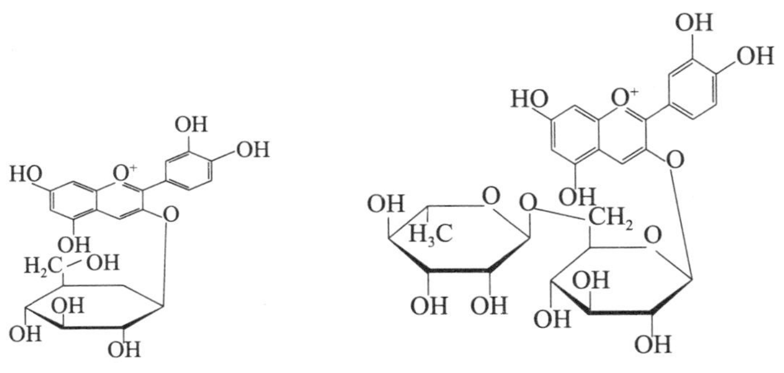

图 4－1　C3G 结构式　　　图 4－2　C3R 结构式

第二节　桑果保健功能

桑果自古以来就作为水果和中药材被应用，目前，已被国家卫生部确认为“既是食品又是药品”的农产品之一。中医认为，桑果味甘性寒，具有生津止渴、补肝益肾、滋阴补血、明目安神等功效，长期食用桑果可以延年益寿。现代医学研究表明，桑果有增强免疫功能、促进造血细胞的生长、防止人体动脉硬化、促进新陈代谢等作用。

据报道，桑果主要功能成分为花青素、白藜芦醇和膳食纤维等。

桑果富含花青素和白藜芦醇。1982 年，世界卫生组织调查证实，法国人的冠心病发病率和死亡率比其他西方国家尤其是英国和美国人低很多。法国人和其他西方人饮食结构相似，造成这一现象其主要原因在于法国人钟情于葡萄酒，而葡萄酒中的花青素和白藜芦醇较高导致了“法兰西奇迹”。花青素和白藜芦醇主要具有以下三大保健功能。

（1）抗氧化及清除自由基功能

自由基是疾病和衰老的根源，与 100 多种疾病有关，在影响人类健康长寿的因素中，有 85% 来自于自由基的侵害。花青素清除自由基的能力是维生素 C 的 20 倍、维生素 E 的 50 倍。花青素是唯一能透过血脑屏障清除自由基保护大脑细胞的物质，同时能减少抗生素给人体造成的一些伤害。美国《健康》杂志称：花青素使人类的百岁健康不再是梦想！

（2）预防心血管疾病

花青素能明显抑制低密度脂蛋白的氧化和血小板的聚集，这两种物质是引起动脉硬化和心血管疾病的主要因子。法国人心脏病的发病率相对较低，分析其原因是与法国人比较爱喝含有葡萄皮色素的红葡萄酒有关，而桑椹的花青素及白藜芦醇含量为普通葡萄酒的两倍以上。

（3）减轻肝机能障碍

日本的一些研究结果显示花青素能显著抑制血清中谷草转氨酶（GOT）、谷丙转氨酶（GPT）的上升，且对血清中的硫化巴比妥酸（TBA）反应物、肝脏中的 TBA 反应物及氧化脂蛋白的增加都有一定的抑制能力。此外，花青素还可用于抗突变、治疗糖尿病性视网膜病、乳房囊肿，治疗由毛细血管脆弱引起的微循环疾病，保持血管的正常透性。还可用于护眼、护肤、预防胆固醇引起的兔的动脉粥样硬化，作为肿瘤抑制剂、血管保护剂、辐射防护剂及抗发炎剂等。因此，花青素被誉为继水、蛋白质、脂肪、碳水化合物、维生素、矿物质之后的第七大必需营养素，因而成为天然色素中最有发展前途的一类色素。

桑果浆和桑果膏通常被用作润肠通便的食物，其润肠通便功效主要原因在于其含有丰富的膳食纤维，桑果的膳食纤维含量达4%以上，膳食纤维属于不容易消化的食物营养素，主要来自于植物的细胞壁，包含纤维素、半纤维素、树脂、果胶及木质素等。膳食纤维可以清洁消化壁和增强消化功能，同时可稀释和加速食物中的致癌物质和有毒物质的移除，保护脆弱的消化道和预防结肠癌。同时膳食纤维有助于肠道益生菌的生长。

第三节　桑果产品及食药用方法

1. 鲜桑果

鲜桑果极易腐烂，采摘后宜在4小时内食用，否则容易发霉变质。采摘后也可采用0.5%～1%的盐水进行浸泡消毒，沥干后放置在冰箱中，可保鲜2～3天。

桑果如需长途运输，可以在纸箱中放置塑料篮，在塑料篮底部垫上吸水棉或吸水纸在塑料篮与纸箱空隙处放置结冰的矿泉水冰砖，在运输中轻拿轻放，可在运输途中保持新鲜。

2. 桑果汁

家庭制作桑果汁，可以将桑果捣碎后用榨汁机打浆，打浆后采用纱布过滤，过滤后得到桑果汁，桑果汁经煮开后倒入干净的玻璃瓶或耐热塑料瓶（聚丙烯材料）中密封，冷却后可以饮用，放置在冰箱中口感更佳。注意不能用矿泉水瓶装热的桑果汁，否则有可能导致桑果汁中有塑料味，有增塑剂溶解在桑果汁中的风险，不利于健康。

3. 桑果酒

桑果自古用来酿酒，我国古代医学名著《本草纲目》就有桑果酒的记载，该书谓桑果“酿酒服，利水气，消肿”。

桑果酒可以分为泡制酒和发酵酒两种。

泡制酒可以在高度米酒中浸泡适量的鲜桑果或干桑果，浸泡数天后，将酒过滤即得到桑果浸泡酒。

桑果发酵酒可以将桑果捣碎后加入罐中，添加一定量的冰糖或白砂糖，冰糖或白砂糖添加量为桑果量的10% ~15%，混匀后加入市场采购的葡萄酒活性酵母0.05% ~0.1%，葡萄活性干酵母可先用20倍的2%的蔗糖水活化，加入酵母后桑果酒开始发酵，每天搅拌2 ~3次，将被顶起的果皮盖搅散，使其浸入果酒中以防止表面发霉，发酵至不产气后放置数天，抽取上清的桑果酒装入干净的塑料瓶等容器，放置10天后即得到发酵桑果酒。利用桑果发酵生产的桑果酒不仅保留了桑果中的绝大部分营养成分，还具有色泽鲜艳、酒香浓馥幽郁、酒体丰满醇厚、酸甜适口、口味绵延、风格独特等特点，具有独特的保健功能。

4. 桑果酱

在桑果中加入10% ~20%的白砂糖，添加少量苹果或柑橘皮，熬煮到糖度达到45%以上，用勺舀起成流线型滴下，趁热灌装到干净的容器中，将瓶口擦干净，即得到桑果酱产品，可直接使用或涂抹在面包上。桑果酱由桑果浓缩而成，花青素等功能成分含量更高，食用保健功能更佳。

5. 桑果醋

桑果直接捣碎制汁后加入酵母发酵得到酒度4% ~6%的桑果

酒，或直接将桑果发酵酒稀释 1 倍后，装入不锈钢或陶瓷浅盆中，在其中加入市售可食用醋酸菌，待其表面成膜后，搅散，重复数次后得到醋酸含量 3% ~5% 的桑果原醋，桑果原醋添加 5 ~ 10 倍的水，添加适量蔗糖即得到桑果醋饮料。

桑果醋富含 K、Zn、有机酸、多酚类功能因子，据报道，具有降血压、软化血管、帮助消化、降血糖、减肥、抑菌等功能，随着果醋营养、保健作用的不断挖掘和发现，早在 20 世纪 90 年代初，曾掀起过一段时间的醋酸饮料热，目前醋酸饮料被誉为是继碳酸饮料、饮用水、果汁和茶饮料之后的“第四代”饮料。

6. 桑果含片

将桑果浓缩汁与麦芽糖醇、山梨糖醇、玉米淀粉等填充剂，柠檬酸，CMC 等增稠黏合剂混合干燥后，加入硬脂酸镁等成型剂经压片工艺可生产出桑果含片，桑果含片服用方便。

7. 桑果蜜饯和桑果酵素

桑果采摘后用白砂糖腌制，一层桑果一层砂糖，腌制数天后将桑果从糖浆中取出，包裹一层防潮糖粉，晒干后得到桑果蜜饯。桑果蜜饯酸甜可口。

腌制后的糖浆里面富含桑果中的生物酶及功能成分，直接食用能起到润肠促消化等保健功能。在日本，已被开发作为桑果酵素。我国台湾也生产桑果酵素并有产品销售。

8. 桑果酸奶

将桑果干切碎后添加到牛奶中，加入活性乳酸菌或含活性乳酸菌的酸奶，在 42℃ 发酵 8 ~ 16 小时，即得到凝固的酸奶，酸奶含有桑果粒，风味独特。

9. 桑果月饼

将桑果低温烘干后超微粉碎至 100 目，添加在传统广式月饼的馅料中，控制比例在 2% ~3%，经高温焙烤后可得到桑果风味特色月饼，该月饼本酸甜可口，具有浓郁桑果风味，香甜而不油腻。

参考文献

[1] 一种桑椹酒的生产方法，ZL00114157. 0
[2] 桑椹原汁的保鲜方法，ZL00114156. 2
[3] 桑椹复合果汁饮料，ZL200410077774. 0
[4] 一种液态果醋的发酵设备，ZL200920056560. 3
[5] 一种用桑果汁同时生产桑果花青素和桑果酒的方法，ZL201010545716. 1
[6] 一种果酒或果醋的澄清方法，ZL201110387026. 2
[7] 一种果汁的冷冻浓缩方法，ZL201010288816. 0
[8] 一种超细粉碎桑果浆及其生产方法，申请号：201310278816. 6
[9] 一种桑果功能运动饮料，申请号：20130278854. 1
[10] 肖更生，王振江，唐翠明，等. 桑椹成熟过程中主要色素类物质的动态变化. 蚕业科学，2011，37（4）：600～605.
[11] 吴继军，徐玉娟，肖更生，等. 桑果醋挥发性成分的顶空固相微萃取—气质联用分析. 中国酿造，2009（2）：148～149.
[12] 王振江，肖更生，刘学铭，等. 桑椹花青素对大鼠佐剂性关节炎抑制作用. 中国公共卫生，2009，25（2）：181～183.
[13] 刘学铭，廖森泰，吴娱明，等. 高色价桑椹红色素的研制及其质量控制研究. 现代食品科技，2009，25（1）：42～44.
[14] Mia Isabelle, Bee Lan Lee, Choon Nam Ong, Xueming Liu, and Dejian Huang. Peroxyl radical scavenging capacity, polyphenolics, and lipophilic antioxidant Profiles of mulberry fruits cultivated in Southern China. Journal of Agricultural and Food Chemistry, 2008, 56 (20): 9 410～9 416.
[15] 李妍，刘吉平，肖更生，等. 浆果非花青素酚类物质的研究进展. 农产品加工·学刊，2008（2）：4～8.
[16] 邹宇晓，吴娱明，施 英，等. 低糖桑椹红枣营养果酱的研制. 现代食品科技，2008，24（11）：1 130～1 132.
[17] 刘学铭，肖更生，陈卫东，等. 桑椹花青素在小鼠消化道中的动力学变化研究. 中国食品学报，2008，8（4）：28～32.
[18] 李妍，刘学铭，刘吉平，等. 不同果桑品种桑椹成熟过程中非花青素酚类物质的含量变化. 蚕业科学，2008，34（4）：711～717.

[19] 唐翠明，吴继军，罗国庆，等. 不同果桑品种的桑椹酿酒试验. 蚕业科学 2008，34（1）：24～27.

[20] 赵祥杰，杨荣玲，肖更生，等. 桑椹果酒专用酵母的筛选及鉴定. 中国食品学报，2008，8（1）：60～66.

[21] 陈智毅，陈卫东，徐玉娟，等. 离子排斥色谱法测定桑椹原汁有机酸的研究. 食品科学，2007，28（3）：296～298.

[22] 赵祥杰，肖更生，杨荣玲，等. 桑椹果酒酵母筛选及发酵性能. 食品与生物技术学报，2007，26（1）：95～99.

[23] 赵祥杰，杨荣玲，肖更生，等. 桑椹果酒酵母的诱变选育研究. 食品科技，2007，32（2）：28～32.

[24] 陈美红，徐玉娟，李春美，等. NKA 大孔树脂分离纯化桑椹红色素的研究. 食品科技，2007，32（10）：178～181.

[25] 吴继军，唐翠明，罗国庆，等. 气质联用法检测不同品种桑果酒中异戊醇异丁醇含量研究. 酿酒，2007，34（6）：65～66.

[26] 唐翠明，罗国庆，吴福泉，等. 关于果桑品种选育的思考. 果树学报，2007，24（6）：826～829.

[27] 刘学铭，吴继军，廖森泰，等. 桑椹汁酒精发酵过程中主要和功能成分的动态变化. 食品与发酵工业，2006，32（12）：138～141.

[28] 刘学铭，廖森泰，肖更生，等. 花青素的吸收与代谢研究进展. 中草药，2007，38（6）：953，附 1.

[29] 刘学铭，肖更生，陈卫东，等. 桑椹花青素在小鼠消化道中的动力学变化研究. 中国食品学报，2006：257～261.

[30] 王振江，肖更生，刘学铭，等. 桑椹花青素的研究进展. 蚕业科学，2006，32（1）：90～94.

[31] 吴娱明，施英，肖更生，等. 桑籽营养成分研究. 蚕业科学，2006，32（1）：135～137.

[32] 王振江，肖更生，廖森泰，等. 不同品种桑椹的抗氧化作用与其花色苷含量的相关性研究. 蚕业科学，2006，32（3）：399～402.

[33] 陈智毅，刘学铭，吴继军，等. 桑椹的 HPLC 指纹图谱研究方法的建立. 食品科学，2005，26（5）：188～191.

[34] Xueming Liu, Gengsheng Xiao, Weidong Chen, Yujuan Xu, Jijun Wu. Quantification and purification of mulberry anthocyanins with macro ~ porous resins. Journal of Biomedicine and Biotechnology, 2004 (5): 326 ~ 331.

[35] 刘学铭，唐翠明，罗国庆，等. 桑椹成熟期中理化特性变化规律初探. 蚕业科学，2003，29 (2): 203 ~ 205.

[36] 刘学铭，肖更生，徐玉娟，等. D101A 大孔吸附树脂吸附和分离桑椹红色素的研究. 食品与发酵工业，2002，28 (1): 19 ~ 22.

[37] 刘学铭，肖更生，陈卫东. 桑椹的研究与开发进展. 中草药，2001，32 (6): 569 ~ 571.

[38] 徐玉娟，肖更生，刘学铭，等. 桑椹红色素稳定性研究. 蚕业科学，2002，28 (3): 265 ~ 269.

[39] 肖更生，徐玉娟，刘学铭，等. 桑椹的营养、保健功能及其加工利用. 中药材，2001，24 (1): 70 ~ 72.

[40] 刘学铭，徐玉娟，吴继军，等. 利用分光光度法鉴定桑果饮料的质量. 食品科学，2001，22 (4): 66 ~ 68.

[41] 徐玉娟，肖更生，陈卫东，等. 桑椹果汁饮料加工工艺的研究. 食品工业科技，2001，22 (1): 53 ~ 55.

[42] 徐玉娟，肖更生，刘学铭，等. 低糖桑椹果酱研制及其营养分析. 食品工业，2001，22 (4): 43 ~ 45.

第五章　蚕幼虫

第一节　黄血蚕

1. 黄血蚕主要营养成分

家蚕按照吐丝结茧的颜色分为白茧种、黄茧种、绿茧种等。其中黄茧种（又称黄血蚕）营养成分丰富，药理作用显著。

（1）主要营养成分

研究结果表明，黄血蚕含水量为 70.10%，两广二号为 77.77%，普通蚕为 57.5%。以干物计，黄血蚕粗蛋白含量（干物）高达 60.87%，比两广二号 53.04% 高 14.77%，比普通蚕 50.59% 高 20.32%，比牛奶、鸡蛋分别高 106.96%、15.99%；黄血蚕粗脂肪含量（干物）为 21.07%，但比两广二号、普通蚕分别低 37.46%、31.21%，比牛奶、鸡蛋分别低 32.84%、43.34%。灰分含量，黄血蚕与普通蚕相当，显著高于两广二号、牛奶和鸡蛋。粗纤维含量（干物），黄血蚕为 12.71%，比两广二号高了 3.3 倍。几丁质含量（干物），黄血蚕为 8.7%，比两广二号低约 31%（表 5－1）。

（2）氨基酸

除色氨酸外，黄血蚕的 17 种氨基酸含量见表 5－2。黄血蚕中有 11 种氨基酸含量比两广二号高 17% ~49%，甘氨酸含量持平，组氨酸、酪氨酸略低，赖氨酸、丙氨酸、胱氨酸较低。与牛奶相比，黄血蚕除丙氨酸、胱氨酸较低外，其他 15 种氨基酸均比牛奶高1～10倍。

表5－1　黄血蚕的主要成分测定结果　（单位：g/100g）

项目	水分	灰分	粗蛋白	粗脂肪	粗纤维	几丁质
黄血蚕	70.10	1.30	18.20	6.30	3.80	2.6
两广二号	77.77	1.23	11.79	7.49	0.65	2.8
普通蚕	57.50	1.30	21.50	13.00		
牛奶	89.80	0.60	3.00	3.20		
鸡蛋	75.80	1.00	12.70	9.00		

表5－2　黄血蚕氨基酸含量　（单位：mg/100g）

项目	黄血蚕	两广二号	牛奶	鸡蛋
天门冬氨酸	1102.72	735.75	179	1151
谷氨酸	1434.18	1082.1	528	1565
丝氨酸	612.23	519.36	143	867
甘氨酸	530.68	528.5	45	390
组氨酸	558.77	583.89	62	270
精氨酸	671.14	523.13	84	736
苏氨酸	541.02	386.39	101	577
丙氨酸	54.11	483.07	83	649
脯氨酸	613.23	489.74	295	436
酪氨酸	692.97	756.88	118	492
缬氨酸	594.37	472.57	134	699
蛋氨酸	445.55	302.86	65	363
胱氨酸	14.065	40.24	28	245
异亮氨酸	456.69	372.2	115	629
亮氨酸	724.95	588.58	245	1046
苯丙氨酸	492.18	358.25	113	622
赖氨酸	427.08	557.36	207	850
总量	9965.94	8780.8	2545	11587

注：氨基酸含量均为鲜样测定结果

（3）矿物元素

从8种微量元素测定结果（表5－3）可见，黄血蚕含有丰富的矿物质，与两广二号相比，钾、镁、钙、钠、铜、锰含量较高，而铁、锌偏低。

表5－3 黄血蚕矿物元素含量测定结果 （单位：μg/g）

项目	K	Mg	Ca	Na	Cu	Mn	Fe	Zn
黄血蚕	5500	1500	640	256	5.7	2.4	2	1.3
两广二号	4800	1000	270	242	0.32	2.2	2.6	1.6
普通蚕	2720	1030	810	1402	5.3	6.4	26	61.7
牛奶	1090	110	1040	372	0.2	0.3	0.3	4.2
鸡蛋	980	140	480	947	0.6	0.3	20	10

（4）脂肪酸

对黄血蚕油脂的脂肪酸组成进行的分析表明（表5－4），油脂中绝大部分是不饱和脂肪酸（占油脂的93%），其中亚麻酸含量高达30.95%，分别比两广二号、普通蚕、牛奶、鸡蛋高29.78%、14倍、13倍、308倍；黄血蚕含亚油酸达13.49%，分别比两广二号、普通蚕、牛奶高233%、26%和155%。

表5－4 黄血蚕的脂肪酸组成 （单位:%）

项目	亚麻酸 C18:3	油酸 C18:1	棕榈酸 C16:1	亚油酸 C18:2	硬脂酸 C18:0
黄血蚕	30.95	25.40	23.17	13.49	5.56
两广二号	23.85	26.20	38.26	4.05	6.16
普通蚕	20.00	54.00	5.60	10.70	6.70
牛奶	2.10	28.40	6.10	5.30	13.20
鸡蛋	0.10	41.70	4.10	14.20	8.00

黄血蚕含有60%蛋白质，与瘦猪肉、瘦牛肉相当，比华南现行品种两广二号高15%，比普通蚕高20%。据称家蚕这种蛋白质是全价蛋白质，极易被人体消化吸收，不易引起胆固醇增高，是一种优质动物蛋白源，因其含有各种必需氨基酸，所以是完全蛋

白质。黄血蚕矿物元素含量丰富，可以作为人类必需矿物元素的良好供给源。黄血蚕脂肪含量低（21%），分别比两广二号和普通蚕低37.46%、31.21%，较低的油脂含量符合现代的饮食思维。黄血蚕含有高比例的不饱和脂肪酸（占油脂93%），其中必需脂肪酸——亚油酸、α-亚麻酸含量高达13.49%和30.95%，黄血蚕还含有较高的维生素A。由此我们认为黄血蚕应具有促进生长发育、免疫调节、减肥、调节血脂、抑制肿瘤、调节血糖、改善胃肠道、保护肝功能等保健功能。这些都说明黄血蚕具有比普通蚕和现行生产品种两广二号较高的食用和药用价值，有广阔的市场开发前景。

2. 黄血蚕制成品降血糖、降血脂、护肝等保健功能的疗效及作用剂量

（1）黄血蚕制剂对小鼠血脂水平的影响

由表5-5可见，两组模型组之间，差异不显著。

降脂Ⅰ号：对血清总胆固醇（TC），低剂量组和高剂量组对模型Ⅰ都有极显著性差异，高剂量组对模型Ⅱ也有极显著性差异（$P<0.01$）；对血清甘油三酯（TG），低剂量组对模型Ⅰ差异显著（$P<0.05$），高剂量组对模型Ⅰ、Ⅱ都有极显著差异（$P<0.01$），不管是TC、还是TG，高剂量组与低剂量组之间都有显著性差异（$P<0.01$）（表5-5）。

降脂Ⅱ号：对TC，高、低剂量组对两组模型都不显著；对TG，低剂量组对模型Ⅰ有显著性差异（$P<0.05$）；不管是TC、还是TG，高剂量组与低剂量组之间都有显著差异（表5-5）。

表5-5 黄血蚕制剂对小鼠血脂水平的影响

组别	动物数(n)	TC(n=10)mmol/L	TG(n=10)mmol/L
对照——花生油	10	4.319±0.884	1.660±0.545
对照——4%-towen-80	10	3.943±0.539	1.583±0.365
降脂Ⅰ号38.75mg/ml	10	3.383±0.685**	1.370±0.263*

续表

组别	动物数(*n*)	TC($n=10$)mmol/L	TG($n=10$)mmol/L
降脂Ⅰ号 77.5mg/ml	10	2.148 ± 0.476** ++	1.169 ± 0.117** ++
降脂Ⅱ号 8.375mg/ml	10	3.531 ± 1.366	1.254 ± 0.257*
降脂Ⅱ号 16.75mg/ml	10	4.093 ± 0.796	1.421 ± 0.363

注：与花生油模型对照相比，* 有显著性差异（$P<0.05$）；** 有极显著性差异（$P<0.01$）；++ 与 towen 模型对照相比，有极显著性差异（$P<0.01$）

（2）黄血蚕对实验性糖尿病小鼠的治疗作用

①金蚕宝对糖尿病小鼠表型症状的影响。由表 5－6 可见，两组小鼠的饲料消耗量治疗后（10 天）都比治疗前（0 天）有所增加，实验组小鼠开始时对配制的饲料不适应，咬碎落入垫料的较多，但与对照组相比，实验组饲料消耗量逐日减少，治疗后（10 天）实验组比对照降低 25%，日均降低 21.5%；在饲喂后第 2 天实验组的饮水量和尿量，分别降低 50% 和 41%，其后略微降低，而对照组则有所升高，日均饮水量、尿量实验组比对照组减少 47% 和 43%；实验组体重略微增加（日均增加 2.63%），对照组略微降低，但据观察，实验组健康状况明显优于对照组。

表 5－6　金蚕宝对糖尿病小鼠临床表现的影响（单位：g/个）

项目	分组	治疗前(0d)	治疗后(2d)	治疗后(10d)	日均
饲料消耗量	对照	9.13	11.07	16.32	15.76
	实验组	9.13	11.66	12.24	12.37
饮水量	对照	30.17	26.89	39.94	37.5
	实验组	30.17	20.14	19.16	19.87
尿量	对照	26.11	21.44	35.00	26.28
	实验组	26.11	16.4	15.89	14.99
体重	对照	28.83	28.5	27.64	28.99
	实验组	29.64	30.36	29.88	30.42

② 金蚕宝对糖尿病小鼠血糖值的影响。血糖值对照组治疗后

(39.46 ± 4.35) 比治疗前 (25.28 ± 2.50) 显著增加 (+56%) ($P<0.01$)，而实验组 (19.78 ± 8.40) 则比治疗前 (29.37 ± 11.71) 显著降低 (−33%) ($P<0.01$)，表现金蚕宝有显著降低血糖值的效果。

③金蚕宝制剂的护肝作用。与正常对照组相比，CCl_4 模型组谷丙转氨酶和谷草转氨酶水平极显著增高，同时联苯双酯显著地降低谷丙转氨酶和谷草转氨酶的水平，说明肝损伤模型建立成功(表5−7)。金蚕宝3.0克/千克均能极显著地降低 CCl_4 所致的谷丙转氨酶和谷草转氨酶的升高 ($P<0.01$)；而金蚕宝1.5克/千克极显著地降低谷丙转氨酶的升高 ($P<0.01$)，但对谷草转氨酶不显著；联苯双酯和熟蚕粉都是对谷丙转氨酶极显著 ($P<0.01$)，对谷草转氨酶显著 ($P<0.05$)。对谷丙转氨酶，联苯双酯>金蚕宝3.0克/千克 >熟蚕粉，对谷草转氨酶，金蚕宝3.0克/千克 >熟蚕粉>联苯双酯，但它们之间不显著 ($P>0.05$)。

表5−7　金蚕宝护肝制剂(JCBH)对 CCl_4 肝损伤 ALT 和 AST 的影响($x \pm s$)

组别	动物数 (n)	ALP/GPT (u)	AST/GOT (u)
正常对照组	10	19.06 + 16.62**	76.84 + 3.87**
CCl_4	10	165.71 + 1.84	113.89 + 1.51
JCBH (1.5g/kg)	10	160.40 + 4.30**	113.97 + 2.89
JCBH (3.0g/kg)	10	155.39 + 2.59**	103.88 + 4.19**
联苯双酯 Pills (12mg/kg)	10	152.96 + 1.84**	111.54 + 1.72*
熟蚕粉 PMS (3.0g/kg)	10	156.30 + 0.53**	107.78 + 4.54*

注：对 CCl_4 模型组，* $P<0.05$，** $P<0.01$；对对照组，$P<0.01$

讨论：

对黄血蚕的营养成分分析研究表明，黄血蚕含有60%蛋白质，微量元素含量丰富，脂肪含量低 (21%)，含有高比例的不饱和脂肪酸 (占油脂93%)，其中，必需脂肪酸——亚油酸、α−亚麻酸含量高达13.49%及30.95%，黄血蚕还含有较高的维生素A。由此作者认为黄血蚕应具有促进生长发育、免疫调节、减肥、调节血脂、抑制肿瘤、调节血糖、改善胃肠道、保护肝功能等保健功能，因而对其保健功能进行研究。

对黄血蚕进行的降血脂实验结果表明：降脂Ⅰ号表现极显著地降低血清总胆固醇（TC）和血清甘油三酯（TG）的效果（$P<0.01$），在本实验剂量范围内，高剂量对低剂量，即降脂Ⅰ号的摄入量越大，则改善血脂水平的效果越好，显示出明显的剂量效应关系，同时，实验数据表明，低剂量组已经达到降血脂的效果。降脂Ⅱ号只有低剂量组在血清甘油三酯（TG）表现显著性效果，在本实验剂量范围内，降脂Ⅱ号对小鼠血脂水平影响不显著。说明降脂Ⅰ号比起降脂Ⅱ号表现出更全面、更显著的降血脂作用，可以用于治疗高脂血症。

糖尿病最常见的临床表现为“三多一少”症状，即多饮、多食、多尿和体重减轻，本文以上述症状为指标，研究金蚕宝胶囊对四氧嘧啶诱导的实验性糖尿病小鼠的治疗作用，结果表明，金蚕宝胶囊对糖尿病小鼠饲料消耗量、饮水量和尿量分别降低25%、47%和43%，体重略微增加，血糖值在对照组上升56%的状况下降低33%。而本实验糖尿病小鼠饲喂添加了金蚕宝胶囊的饲料后，第二天饮水量和尿量即显著降低50%和41%，表现出肉眼即可见的立竿见影的显著效果。因此，金蚕宝胶囊可显著改善糖尿病“三多一少”症状及降低血糖值，即金蚕宝胶囊可用于治疗糖尿病。

研究经微粉化技术加工的蚕粉末对四氧嘧啶诱导的实验性糖尿病小鼠的治疗作用，结果表明，金蚕宝A和金蚕宝B在饲料消耗量、饮水量、尿量、体重均显著优于格列本脲对照组，金蚕宝A除尿量外，略优于金蚕宝B；同时3个实验组均表现显著的降糖效果（$P<0.01$），金蚕宝A血糖值降低了50.47%，对格列本

脲对照组（34.63%）有显著的差异（$P<0.05$），而金蚕宝B对金蚕宝A和格列本脲对照组无显著差异。由于金蚕宝A用量是金蚕宝B的一半，即金蚕宝A生物利用度比金蚕宝B至少提高了一倍，达到了增效的目的。研究中还对金蚕宝A进行成型试验，结果可以做到无辅料制粒、压片，有效地减少了服用量。

为了排除金蚕宝中灵芝的护肝作用，研究中用生粉代替金蚕宝中的灵芝，在相同剂量条件下，熟蚕粉同样具有显著的护肝作用，但其效果略低于金蚕宝，说明灵芝也起了一定的作用，但它们之间差异不显著。在本试验剂量条件下，金蚕宝和熟蚕粉接近联苯双酯的治疗效果，说明金蚕宝护肝制剂有广阔的应用前景。但其护肝机理仍然不明确，有待进一步研究。

广东省农业科学院蚕业与农产品加工研究所曾与广州的一些医学院合作，以熟蚕粉为主要原料制成五龄丸，对慢性、迁延性肝炎、肝炎肝硬化（稳定期），急性黄疸型肝炎（迁延恢复期）的132例患者进行临床验证，治疗后血清白蛋白水平，A/G比值、蛋白电泳中白蛋白百分比均有明显提高，对TTT（麝香草酚浊度试验值）的改善也有良好作用。说明熟蚕粉对肝炎所导致的肝痛，蛋白代谢障碍有良好的疗效，熟蚕粉含有丰富的营养物质，特别是很高的氨基酸含量，金蚕宝氨基酸总量达46.51%，为鲜蚕蛹的4~5倍，必需氨基酸占总氨基酸41.80%，适用于蛋白代谢障碍，白蛋白低下的患者，也有利于提高机体免疫力，强身健体等，至少可以起到间接的护肝作用。

这些都说明黄血蚕具有比普通蚕、现行生产品种“两广二号”有较高的食用和药用价值，有广阔的市场开发前景。

3. 金蚕宝护肝制剂

研究结果表明（表5-8），金蚕宝护肝制剂（JBCH）的氨基酸总量达45 607.59毫克，为黄血蚕、两广二号的4.58倍、5.19倍，所测的17种氨基酸都显著多于黄血蚕和两广二号蛹期的含量，其中差异最大的是甘氨酸、丝氨酸、丙氨酸和半胱氨酸等，而蛋氨酸、脯氨酸、组氨酸、亮氨酸等相对差异最少。

金蚕宝护肝制剂的必需氨基酸占总氨基酸41.80%，比黄血蚕49.65%和两广二号50.33%低。

金蚕宝中比例最多的是甘氨酸、丝氨酸、谷氨酸、酪氨酸，分别占了氨基酸总量的16%、11.8%、8.4%和8.4%，与黄血蚕和两广二号蛹期氨基酸的构成比例不同，后两者谷氨酸、天门冬氨酸、亮氨酸和酪氨酸占的比例较大。丝素中甘氨酸、丙氨酸、丝氨酸、酪氨酸这四种氨基酸占95%以上，但在以熟蚕粉为主的黄血蚕护肝制剂中只占43%，而在黄血蚕和两广二号蛹中，仅占4%和5%。

表5-8　金蚕宝护肝制剂的氨基酸含量　（单位：mg/100g）

氨基酸	金蚕宝护肝制剂	黄血蚕	两广二号
天门冬氨酸 Asp	3270.34	1102.7	735.8
谷氨酸 Glu	3850.93	1434.2	1082.1
丝氨酸 Ser	5384.79	612.2	519.4
甘氨酸 Gly	7282.34	530.7	528.5
组氨酸 His	1874.21	558.8	583.9
精氨酸 Arg	2449.94	671.1	523.1
苏氨酸 Thr	2193.5	541	386.4
丙氨酸 Ala	3230.53	54.1	483.1
脯氨酸 Pro	1076.27	613.2	489.7
酪氨酸 Tyr	3825.22	693	756.9
缬氨酸 Val	2063.61	594.4	472.6
蛋氨酸 Met	611.85	445.6	302.9
半胱氨酸 Cys	268.58	14.1	40.2
异亮氨酸 Ile	1552.18	456.7	372.2
亮氨酸 Leu	2063.96	725	588.6
苯丙氨酸 Phe	2030.1	492.2	358.3
赖氨酸 Lys	2579.23	427.1	557.4
总量	45607.59	9965.9	8780.8

研究表明金蚕宝护肝制剂含有丰富的氨基酸，总量是黄血蚕

和两广二号蚕蛹的4~5倍。虽然其必需氨基酸在氨基酸总量所占的比例不及蚕蛹，但仍达到41%这样一个非常高的比例。

金蚕宝护肝制剂主要成分是熟蚕粉，而构成丝素95%的甘氨酸、丙氨酸、丝氨酸、酪氨酸在金蚕宝里占了43%。由此可见，金蚕宝充分利用了积累最丰富营养物质的熟蚕期，丝素虽对氨基酸总量有很大的贡献，但只提供了一种必需氨基酸——酪氨酸，而67%的氨基酸则是来自虫体，并且虫体还贡献了另外7种必需氨基酸。

但在对熟蚕粉按常规以剪切力粉碎方式进行加工时，因丝腺在熟蚕期时很硬，不能完全粉碎，并且颗粒过粗，难以消化，因此广东省农业科学院蚕业与农产品加工研究所发明了一种新的加工方式，可以将熟蚕粉加工成400目的细粉，并可大大提高生物利用度。

据Rosen等报道急性肝衰竭（Fuiminant Hepatic Failure，FHF）患者血浆中大部分氨基酸均显著升高，表明此时大量补充氨基酸应该谨慎，同时也说明氨基酸对肝损伤应该没有直接的保护作用。

第二节　蚕　粉

20世纪90年代，韩国科学家研究证明，5龄第3天家蚕幼虫经冷冻干燥制成的全蚕粉，具有抑制体内血糖过高的功效，对Ⅱ型糖尿病患者尤为有效。韩国目前饲养的家蚕主要用于制作全蚕粉，生产保健食品，已实现了产业化。我国已研发出镇江蚕粉、全蚕粉降血糖胶囊（供临床试验用）、降糖制剂QHL3（全蚕粉）、金蚕宝、宁夏蚕粉、雪蚕胶囊等产品。

糖尿病患者服用镇江蚕粉降糖胶囊60天，餐前（空腹）和餐后2小时的血糖值分别降低了10.4%～28.3%和27.8%～40.2%，胰岛素水平分别降低了31.79%和42.66%，血清中甘油三酯降低了27.84%，血清胆固醇降低了8.44%，而高密度脂蛋白没有显著的变化；检测血液中谷丙转氨酶和谷草转氨酶的活性，以及影响肾功能的其他主要指标如尿素氮和肝酐，试验数据间均无显著差异。另有临床试验研究发现糖尿病患者服用全蚕粉复合物胶囊后，能降低空腹血糖和餐后血糖，而且还能降低糖化血红蛋白水平，未发现胃肠道不适、低血糖及对人体的肝、肾功能等其他不良反应。虽然针对全蚕粉的临床试验研究相对较少，但初步可以证实，全蚕粉对Ⅱ型糖尿病患者具有显著的疗效，且无明显胃肠道不适、低血糖、过敏、肝肾毒副作用等不适反应，具有很好的安全性。

全蚕粉制作的加工工艺如下。

（1）蚕的饲养

全蚕粉中起降血糖作用的主要是 DNJ（1 - 脱氧野尻霉素），在品种和饲养过程中需要进行优化。目前，已有实验证明，不同蚕品种或杂交组合以及用不同品种和叶质的桑叶饲养家蚕制备的全蚕粉降血糖效果均存在显著差异。全蚕粉的制作过程中要选择桑叶中 DNJ 含量高的品种，并在桑叶中 DNJ 含量高的季节采叶养蚕，以保证效果更佳。

从四龄开始，不使用蚕药、石灰等蚕座消毒剂饲养，四眠期只用焦糠隔离桑叶，除湿。五龄第二天开始止桑。

（2）全蚕粉的制作

所有全蚕粉的制作均采用 5 龄第 3 天幼虫。经初步挑选和清洗处理后，采用真空浓缩煎煮冷冻干燥，然后粉碎过目，粉碎粒度为 0.15 毫米对 DNJ 的保留最理想。另外，根据不同需要，可按比例加入其他药物，充分混匀成为全蚕粉复合药物。采用 ^{60}Co γ 射线 7kGy 辐照处理，对全蚕粉和全蚕粉复合物的灭菌，此方法可以达到食品、中药制品卫生要求，且对 DNJ 含量和降血糖效果均无明显影响。

（3）全蚕粉微胶囊的制作

全蚕粉有腥味，一些人不喜欢直接服用，同时为了防止其中的脂肪氧化和定量化服用，可以制成微胶囊。全蚕粉微胶囊制作工艺如下：Lspo－mo350变性淀粉/阿拉伯胶的质量比为4∶1，进风温度180℃，出风温度115℃，芯材/壁材的质量比为1∶1，壁材占乳化液比例30%，包埋率达86.4%。

第三节　药用白僵蚕

1. 白僵蚕简介

白僵蚕又名僵蚕、天虫，为家蚕5龄幼虫感染（或人工接种）白僵菌而致死的干燥体，体表覆满白色粉霜状的气生菌丝和分生孢子，经炮制后作为中药材使用。

2. 化学成分

僵蚕的主要化学成分为蛋白质、总糖、脂肪、灰分等，其中，蛋白质含量超过50%，包含至少15种氨基酸和其他蛋白成分；富含胡萝卜素、核黄素、生育酚等多种维生素，含量数倍甚至数十倍高于所有谷物类食物；还含有多种类的微量元素，其中包括铁、锌、铜、锰等人体必需微量元素；此外，僵蚕还含有多糖、黄酮、草酸胺、白僵菌素等多种重要活性物质。

3. 功效和药理作用

中医认为僵蚕具祛风定惊，化痰散结之功效，主要用于惊风抽搐、咽喉肿痛、皮肤瘙痒、颌下淋巴结炎和面神经麻痹等疾病的治疗。《本草纲目》记载僵蚕“蜜和擦面，灭黑黯好颜色”，说明僵蚕亦有美容养颜的效果，目前已证实僵蚕中的氨基酸、活性丝光素以及维生素E有显著的营养肌肤和美容作用，长期使用可有效去除黄斑、黑斑，消肿瘦脸，令肌肤美白光滑。韩国知名艺人李准基透露他的美白秘诀就是白僵蚕粉加水做面膜。另外，现代药理试验证实僵蚕提取物在抗惊厥、抗凝、抑菌、抗癌、降糖、降脂等方面均有显著的效果，具有极高的食药用价值。

4. 僵蚕美容养生验方

①制作僵蚕面膜 僵蚕粉20克，加清水30毫升搅拌调成糊状，每晚用此敷脸，30分钟后洗净。敏感皮肤者取僵蚕粉与其他面膜粉（如红豆粉、绿豆粉等）复配使用为宜。

②茯苓消斑汤 白茯苓、白僵蚕、白菊花、丝瓜络各10克，珍珠母20克，玫瑰花3朵，红枣10枚。上药同置锅中，加清水适量水煎取汁，分作2份，饭后饮用，每日1剂，连续7~10天，可健脾消斑，祛风通络。

③治疗咽喉肿痛 取白僵蚕粉适量，煎汤服用。

④治疗急性乳腺炎 乳腺炎初起（外皮尚未红肿者），可将生僵蚕研磨成粉，以醋调匀后外敷患处，每日换药一次。一般用数次可消。

参考文献

[1] 陈智毅，刘学铭，吴娱明，等．TGC-MS法分析蚕蛾油与蚕蛹油的脂肪酸组成［J］，食品科学，2010，31（12）：182~184.

[2] 陈智毅，袁金辉，吴娱明，等．宝桑园科普基地在科普活动中的功能与作用［J］，中国蚕业，2009（4）：84~86.

[3] 陈智毅，陈卫东，徐玉娟，等．离子排斥色谱法测定桑椹原汁有机酸的研究［J］，食品科学，2007，28（3）：296~298.

[4] 陈智毅，张友胜，徐玉娟，等．桑椹挥发性成分的研究［J］，天然产物研究与开发，2006．18（Suppl）：67~68.

[5] 陈智毅，刘学铭，吴继军，等．桑椹的HPLC指纹图谱研究方法的建立［J］．食品科学，2005，26（5）：188~191.

[6] 陈智毅，肖更生，陈卫东，等．黄血蚕中1-脱氧野尻霉素的离子色谱法测定［J］．食品科学，2004，（05）：129~130.

[7] 陈智毅，廖森泰，陈列辉，等．黄血蚕的保健作用研究［J］．食品科技，

2004（8）：92～95，98.

[8] 陈智毅，陈列辉，李清兵，等. 微粉技术对蚕粉制剂疗效的影响［J］. 中国蚕业，2003，24（2）：24～25.

[9] 陈智毅，廖森泰，邹宇晓，等. 桑叶颗粒剂对糖尿病的治疗作用研究［J］. 蚕业科学，2003，29（2）：206～209.

[10] 陈智毅，肖更生，陈卫东，等. 蚕沙及蚕沙冲剂中1～脱氧野尻霉素的离子色谱法测定［J］. 中国蚕业，2003，24(1)：30～31.

[11] 陈智毅，廖森泰，李清兵，等. 多化性黄血蚕的食用和药用价值的研究［J］. 蚕业科学，2002，28（2）：93～96.

[12] 陈智毅，陈列辉，等. 金蚕宝对 CCl_4 所致实验性肝损伤的保护作用［J］. 蚕业科学,2002，28(4)：347～348.

[13] 陈智毅，廖森泰，李清兵，等. 家蚕对高血脂模型小鼠血脂水平的影响试验初报［J］. 广东农业科学，2002，23（3）：41～42.

[14] 陈智毅，吴娱明，陈列辉，等. 家蚕对糖尿病小鼠治疗作用的研究［J］. 广东蚕业，2002，36（2）：35～37.

[15] 陈智毅，廖森泰，陈列辉，等. 多化性黄血蚕的保健作用研究［J］. 广东蚕业，2002，36（4）：26～32.

[16] 陈智毅，陈列辉，李清兵，等. 金蚕宝护肝制剂的氨基酸分析［J］. 广东蚕业：2002，36（1）：35～37.

[17] 陈智毅，陈列辉，李清兵，等. 黄血蚕营养成分的研究［J］. 广东农业科学，2001，22（4）：31～33.

[18] 陈智毅，廖森泰，陈列辉，等．黄血蚕食疗价值的研究［C］，//广东省科学技术协会．第二届广东省青年科学家论坛论文集，北京：中国科学技术出版社，2000：350～354.

[19] 于波，李维胜，邹德庆，等. 蚕蛾营养成分及其保健品的研究与应用［J］. 山东农业科学，2006（2），78～80.

[20] 范作卿，郑淑湘，邹德庆，等. 蚕蛾的研究与开发利用现状［J］. 北方蚕业，2005，26（4），6～11.

[21] 王艳辉，陈亚，绍禹，等. 蚕蛾的应用研究进展［J］. 中国蚕业，2008，29（4），14～16.

[22] 刘殿英，刘石，朱梦秋，等. 复方蛾公口服液工艺研究 [J]. 黑龙江医药，1995，8（5），248～249.
[23] 陈卫东，肖更生，姚锡镇，等. 一种雄蚕蛾胶囊及其制备方法 [P]. 中国，00114158. 9，2001－10－03.
[24] 任培华，高树梅. 雄蚕蛾酒工厂化生产技术研究 [J]. 四川蚕业，2011（1），22～23.
[25] 白僵蚕的化学成分和鉴别技术研究进展. 蚕业科学，2009，35（3）：696～699.
[26] 国家药典委员会. 中国药典一部（2010）[M]. 北京：中国医药科技出版社：352.
[27] 严铸云，李晓华，陈新，等. 僵蚕抗惊厥活性部位的初步研究. 时珍国医国药，2006（5）：696～697.
[28] 李军德. 我国抗癌药概述 [J]. 中成药，1992，14（2）：40～42.
[29] 王居祥，朱超林，戴虹. 僵蚕及僵蛹的药理研究与临床应用. 时珍国医国药，1999（8）：82～84.

第六章　蚕　蛹

昆虫是世界上数量最多、分布最广的动物。21 世纪是昆虫食品的世纪，蚕蛹食品是昆虫食品的开发先导。从食用的角度讲，蚕（包括家蚕和柞蚕）具有明显的优势。

①家蚕是人类最早驯化的昆虫。山西省夏县西阴村仰韶文化遗址中发现的半粒茧壳，河南省荥阳市青台村新石器遗址中出土的织物残片，这些考古资料证明大约在公元前 3 500 年前，蚕已融入人们的生活。已有记载的历史资料表明，到商代，家蚕已开始规模化养殖。

②经历数千年的发展，蚕桑业已成为中华文明的重要象征，并形成了一整套成熟的饲养技术，蚕桑生产已达到了空前的规模。我国现有桑园 1 200 万亩（15 亩 =1 公顷。全书同），年蚕茧产量达到 60 余万吨，占世界蚕茧总产量的 80% 以上。除家蚕外，我国北方地区还有大规模养殖的柞蚕。

③蚕蛹的食用安全性有保障。蚕的驯化目标是提供优质生丝，经历数千年的选择，家蚕对养殖环境、饲料高度敏感，桑叶中有残留农药，空气中的氟化物、氢化物含量超标等都可能导致家蚕死亡。同时，养蚕环境受到严格控制，生产出来的蚕（蛹）品质都能得到保障。目前，大部分食用昆虫还不能进行人工繁殖，如豆天蛾、螳螂、蛴螬等，基本采自天然。而天然昆虫体内可能携带大量的寄生虫和病菌，并且化学农药的大量使用造成昆虫的抗药性越来越强，化学农药在昆虫体内的积累也越来越多，食用天然昆虫存在一定的安全隐患。而蚕蛹是卫生部批准的“作为普通

食品资源管理的食品新资源名单”中唯一的昆虫类食品，食用安全性有较好的保障。

第一节　蚕蛹的成分

蚕蛹主要是由蛋白质、脂肪、甲壳素等构成。据报道，干蚕蛹中约含粗蛋白60%、粗脂肪30%、甲壳素3%~4%、糖类5%以及其他多种活性物质，如抗菌肽、激素、微量元素、维生素、溶菌酶等。

1. 蚕蛹蛋白

蚕蛹蛋白与常见营养食物蛋白含量相当，100千克新鲜蚕蛹所含的蛋白质量相当于瘦猪肉85千克、鸡蛋96千克或鲫鱼109千克。蚕蛹蛋白含有17种氨基酸，其中必需氨基酸7种(表6-1)，占总量的14%，比猪肉、羊肉、鸡蛋、牛奶中所含的必需氨基酸高数倍，且必需氨基酸均衡性好，相互比例合宜，是优质的蛋白源。

表6-1　柞蚕蛹与家蚕蛹粉中氨基酸成分

	氨基酸名称	柞蚕蛹（%）	桑蚕蛹（%）
必需氨基酸 EAA	异亮氨酸 Ile	2.648	1.688
	亮氨酸 Leu	4.152	2.4715
	赖氨酸 Lys	4.018	1.8715
	苯丙氨酸 Phe	3.511	1.884
	苏氨酸 Thr	2.528	1.5303
	缬氨酸 Val	3.448	2.143
	蛋氨酸 Met	0.880	1.11
	色氨酸 Trp	0.470	/
非必需氨基酸 NEAA	酪氨酸 Tyr	3.618	1.905
	丝氨酸 Ser	2.229	1.431
	谷氨酸 Glu	5.878	4.163
	甘氨酸 Gly	3.029	1.936
	丙氨酸 Ala	2.417	1.832
	半胱氨酸 Cys	4.503	0.588
	组氨酸* His	2.062	1.399
	精氨酸* Arg	3.070	1.8457

续表

氨基酸名称		柞蚕蛹（%）	桑蚕蛹（%）
必需氨基酸 EAA	天门冬氨酸 Asp	5.558	3.484
	脯氨酸 Pro	5.661	1.533
总氨基酸量 TAA		59.68	32.816
必需氨基酸 EAA		21.655	12.698
非必需氨基酸 NEAA		38.025	20.117
EAA/TAA（%）		36.28	38.697
EAA/NEAA		0.60	0.63

注："*"表示新生婴儿必需氨基酸

根据 WHO/ FAO 所提出的参考蛋白模式，家蚕蛹中必需氨基酸与总氨基酸（EAA/TAA）的比值≥36%，必需氨基酸与非必需氨基酸的比值（EAA/NEAA）为 0.6 左右为理想的蛋白质模式。家蚕蛹中 EAA/TAA 为 38.70%，EAA/NEAA 为 0.63，符合 WHO/ FAO 所提出的参考蛋白模式。

2. 蚕蛹脂肪

蚕蛹油含有约 72% 的不饱和脂肪酸和 20% 的饱和脂肪酸。不饱和脂肪酸主要由人体所必需的油酸、亚油酸和 α -亚麻酸组成，饱和脂肪酸主要为棕榈酸和硬脂酸，还含有微量夹杂物，如蛋白质、磷脂、糖类、色素等。在蚕蛹油中共分离鉴定出 14 种脂肪酸成分，含量最高的是 α -亚麻酸，其次是油酸和棕榈酸（表 6 -2）。

表 6 -2　柞蚕及家蚕蛹中脂肪酸种类及相对含量　（单位:%）

脂肪酸	柞蚕蛹	家蚕蛹
棕榈酸	19.92	22.77
棕榈油酸	4.77	0.6
十七酸	0.6	0
硬脂酸	1.99	6.69
油酸	30.97	26.01
亚油酸	6.89	5.9
α-亚麻酸	34.27	38.02

3. 蚕蛹甲壳质

蚕蛹甲壳质主要分布在蛹皮中，脱脂蚕蛹中含蛹皮8%～9%，蛹皮中可提取分离甲壳质达50%以上，为蟹壳的2倍。

4. 维生素与微量元素

蚕蛹中含有丰富的维生素和微量元素。维生素主要有：维生素 B_1、维生素 B_2、维生素 B_5、维生素A、维生素D和叶酸等。矿物质元素主要有：钙、锌、铁、铜、硒、镁、钾、钠等。

5. 其他生物活性物质

蚕蛹中还含有麦角甾醇、植物甾醇、胆甾醇、肾上腺素、去甲肾上腺素、胆碱、腺嘌呤、次黄嘌呤以及促前胸腺激素、滞育激素等多种蛋白激素和蜕皮甾醇酮。蜕皮甾酮具有很高的药用价值。

第二节　蚕蛹的保健功能

1. 营养保健作用

蚕蛹中含有丰富的α-亚麻酸。α-亚麻酸作为必需脂肪酸，具有抑制血小板凝聚、提高生物膜液态等生理作用，在治疗和防治动脉粥样硬化、糖尿病、脑衰老以及抑制肿瘤扩散方面有较好的疗效，能够预防心脑血管疾病、增强免疫力、增长智力和延缓衰老。而且α-亚麻酸在人体内可转化为二十碳五烯酸（EPA）和二十二碳六烯酸（DHA），如果缺乏会影响智力发育和视力健康。

DHA俗称脑黄金，是一种对人体非常重要的多不饱和脂肪酸，DHA是神经系统细胞生长及维持的一种主要元素，是大脑和视网膜的重要构成成分，在人体大脑皮层中含量高达20%，在眼睛视网膜中所占比例最大，约占50%，对胎婴儿智力和视力发育至关重要。已有多个研究证明，婴儿喂养方式与婴儿长期认知功能的发育有关联性。儿童时期是认知能力发展迅速时期，早期进行母乳喂养的婴儿体内 DHA 含量较非母乳喂养者高，这提醒人们认识到母乳中的 DHA 是提高儿童认知功能的重要原因。母乳中含有丰富的 DHA，可以促进大脑的发育成熟，并刺激了 DHA 生物合成酶的活性。

如果儿童 DHA 缺乏，将会出现行为的异常和神经功能的失调。注意缺陷多动障碍（attention deficit hyperactivity disorder，ADHD）是儿童时期最多见的行为障碍，几乎代表了儿童时期行为问题的大多数症状，主要表现为注意力不集中，多动、冲动。另有学者认为，ADHD 患儿存在着某种程度的多不饱和脂肪酸缺乏。ADHD 儿童在婴儿期母乳喂养的次数明显比对照组要少，ADHD 组血浆中的关键物质 DHA 和红细胞膜内的关键 AA 都显著降低。还有研究证明，大脑发育延迟是 ADHD 儿童发病的原因之一，DHA 可能在此过程中有一定的作用，DHA 对记忆、思维、智力等至关重要。

EPA 具有帮助降低胆固醇和甘油三酯的含量，促进体内饱和脂肪酸代谢。从而起到降低血液黏稠度，增进血液循环，提高组织供氧而消除疲劳。防止脂肪在血管壁的沉积，预防动脉粥样硬化的形成和发展，预防脑血栓、脑溢血、高血压等心血管疾病。

2. 提高免疫功能

蚕蛹中的复合氨基酸能明显提高营养不良大鼠脾脏及胸腺系数，提高机体免疫器官功能。蚕蛹多糖可从多个环节影响小鼠免疫功能，对小鼠多项免疫指标都有明显的影响，可明显增加正常小鼠的免疫器官指数。蚕蛹含有丰富的 α-亚麻酸，具有提高免疫能力，促进精子发育的功效。

3. 抗肿瘤作用

蚕蛹复合氨基酸可用于治疗恶性肿瘤，用于治疗慢性消耗性疾病引起的营养不良、低蛋白血症、免疫功能低下等已在临床普遍应用；蚕蛹壳多糖对荷瘤小鼠的抑瘤率及提高外周血淋巴细胞数及T淋巴细胞数均有明显作用，在抗肿瘤提高机体免疫功能方面效果显著；蚕蛹中含有的干扰素和抗菌肽对细菌、病毒及肿瘤细胞均有选择性杀伤作用。

4. 降血压、降血脂、降胆固醇、降血糖和抗氧化、抗疲劳作用

蚕蛹免疫肽能降低麻醉猫的血压。蚕蛹免疫肽（AP）经股静脉给药，5毫克/千克对麻醉猫血压基本无影响；15毫克/千克能使麻醉猫血压明显下降，给药后5分钟作用最强，作用时间短，10分钟后恢复正常；25毫克/千克则能明显降低麻醉猫的血压，在收缩压降低同时脉压差也明显下降，在15分钟后逐渐恢复正常。这表明蚕蛹多肽有降血压的作用。

蚕蛹水解液对四氧嘧啶模型小鼠具有明显的降血糖作用，而对正常小鼠无影响；蚕蛹水提物对高血糖小鼠有明显降血糖作用。碱性蛋白酶对蚕蛹蛋白具有较好的水解效果，其水解产物有较高抗氧化活性，对DPPH·、超氧阴离子自由基（O_2^-·）和羟自由基（·OH）都具有较强的清除能力。通过对58名年轻男女志愿者（其中男18人，女40人）进行蚕蛹蛋白对人体的抗疲劳作用研究，发现食用蚕蛹蛋白可以降低受试者运动后血乳酸升高，增加机体的抗疲劳能力；可提高受试者最大耗氧量值，增加机体的运动耐力，这一结果显示蚕蛹蛋白对人体具有较好的抗疲劳作用。

5. 护肝作用

蚕蛹复合氨基酸有降低实验性肝炎大鼠血清谷丙转氨酶作用；α-亚麻酸具有促进肝细胞再生作用；利用蚕蛹等药物制成的回春健肝冲剂具有对病毒性肝炎积极的治疗作用；用蚕蛹和枸杞配制成的氨杞口服液可明显升高小鼠的血红细胞数和血红蛋白量，还具有保护肝脏等作用。

6. 激素样作用

蚕蛹中起雄性激素样作用的主要是胆固醇、精氨酸、β-谷甾素及β-蜕皮素。蛹蛋白中富含精氨酸，可营养睾丸内部组织、深入修复因老化所致的损伤；有激活睾丸内部间质细胞和“支持细胞”的功能，增强分泌睾丸酮和精液，提高性能力等功效。

第三节　蚕蛹的产品及食药用方法

1. 鲜蚕蛹及蚕蛹菜谱

鲜蚕蛹包括两种，一是通过削茧后获得的活蚕蛹。第二种是利用鲜茧缫丝技术生产的冷冻保鲜蚕蛹。这两种蚕蛹由于没有进行高温加热，蚕蛹新鲜度高，品质优良，是较好的食材，蚕蛹可通过炸、炒、煎、煮等方法做成菜肴。但第一步，必须用温热水洗净，因为蚕蛹内外沾有不少蚕的代谢产物，也可先将蚕蛹入沸水中煮一下。

蚕蛹菜谱　蚕蛹是人类的一种新营养源，蚕蛹是卫生部批准的“作为普通食品管理的食品新资源名单”中唯一的昆虫类食品。蚕蛹具有极高的营养价值，含有丰富的蛋白质和多种氨基酸，有“七个蚕蛹一个蛋”的说法，是体弱、病后、老人及妇女产后的高级营养补品。

①椒盐蚕蛹。将过水的蚕蛹加料酒、精盐、葱末、姜末、胡椒粉腌渍30分钟，过滤。锅洗净置旺火上，加入色拉油烧至七成热时，将腌制好的蚕蛹入油锅内炸至浮起，呈黄褐色、且外脆时捞出，滤油装碟即成。食用时，佐上一小碟花椒盐和一小碟甜面酱蘸食。

②煮蚕蛹。将洗净的新鲜蚕蛹入沸水中煮15分钟，取出。依各地习惯加花椒盐+辣椒粉或小葱+酱油+醋蘸食。

③蚕蛹炒韭菜。蚕蛹洗净后，用水煮20分钟左右，捞出来晾凉；红黄甜椒、韭菜、葱、姜、蒜、干辣椒等配料切段、丁、末；热锅热油，爆香葱、姜、蒜、干辣椒，倒入蚕蛹爆炒焖制3～4分

钟；加一勺料酒，加少许盐、生抽、蚝油、糖调味；倒入红黄甜椒粒，炒匀；倒入韭菜段翻炒 1 ~2 分钟即可。

④开边蚕蛹。蚕蛹用水煮 10 分钟，沥干水分、晾凉备用；拿剪刀剪成两片，开口的部分沾上干淀粉，用油炸酥；放葱花、干辣椒、五香粉、盐、芝麻、孜然用少量油炒制即可。

⑤蛋黄蚕蛹。蚕蛹洗净，加水、盐、葱、姜、八角煮熟，稍焖一会儿；晾凉，控干水分；把煮熟控干水分的蚕蛹对半切开；鸡蛋黄加点盐搅匀，淋在切开的蚕蛹上，拌匀；锅内花生油烧到 7 成热，下入裹了蛋黄液的蚕蛹，中火炸制；待蚕蛹剖面炸至金黄，捞出控油装盘。

⑥干煸蚕蛹。干红辣椒切段，葱、姜、蒜切碎备用；蚕蛹洗净后，清水煮熟；凉透后，用剪刀把蚕蛹剪成两半，去除中间的硬芯；用少量的盐和料酒、淀粉拌匀蚕蛹；起油锅，油五成热时，下入蚕蛹，用小火慢炸；炸至蚕蛹微黄捞出控油；锅内留少量底油，小火煸香花椒；把花椒推到一边，继续用小火煸香葱、姜、蒜末；至葱、姜末水分煸出，推到一侧，下入红椒，煸出香味；添加炸好的蚕蛹，中火煸炒约 2 分钟至锅内油干；调入适量盐和鸡精，翻炒几下，即可出锅。

⑦蚕蛹香菇酱。

具体组成如下：香菇或香菇柄 20% ~40%，鲜蚕蛹 20% ~50%，植物油 10% ~20%，黑豆豉 5% ~20%，姜 2% ~5%，葱 1% ~3%，蒜 1% ~3%，干红辣椒 0% ~4%，香辛料粉 1% ~2%（香辛料粉包括花椒、肉桂以及八角，其中花椒：肉桂：八角为 2 :1 :1），玉米淀粉 1% ~2%。

具体步骤：

a. 原料菇处理：洗净、沥干原料菇，用绞肉机绞碎或者切碎备用；

b. 蚕蛹的处理：剔除蚕蛹病原体及杂质后，新鲜蚕蛹漂烫并沥干；

c. 冷却后过滤备用；

d. 黑豆豉等调味品加入炒香，随后加入香菇粒焖炒 5～10 分钟，最后加入玉米淀粉浓缩汁收汁，起锅；

e. 灌装后用植物油或辣椒红油油封即可食用。

2. 蚕蛹油

蚕蛹油因含有大量的 α-亚麻酸，而具有较好的保健作用。蚕蛹油的制作如下：

①蚕蛹油提取。食用蚕蛹油建议用鲜茧缫丝蚕蛹为原料进行生产。干茧缫丝蚕蛹由于蚕蛹在干燥时，表层蜡质破坏，蚕蛹内的不饱和脂肪酸开始氧化，产生辛烷、二十三烷、辛醛、壬醛、丁酮、2-癸酮等物质，脂肪的营养受到破坏，而且会出现特殊的臭味。首先将蚕蛹用人工方法去除其中的黑死蛹、毛脚、破碎蛹、僵蛹等不良蛹，用清水冲洗后滤干。然后将蚕蛹用100℃高温烘至适干（含水率4%～6%），用粉碎机破碎成颗粒状。再以正己烷为浸提溶剂，按溶剂用量为 4 毫升/克，浸提温度 38℃，振荡速度 80 转/分钟，浸提 30 分钟后过滤，得到蛹油和正己烷的混合物。再将混合物用减压蒸馏方法回收溶剂，得到蚕蛹油，密封贮藏。

小规模制备时也可以通过超临界 CO_2 萃取方法，工艺如下：将烘干粉碎的蚕蛹粉置于萃取瓶中，萃取温度40℃、萃取压力25兆帕、萃取时间 3 小时即可。

② 蚕蛹油微胶囊的制作。蚕蛹油有其特殊的味道，不宜直接食用，通常制成蚕蛹油微胶囊形式。通常以多孔淀粉为芯材，吸附蚕蛹油制成粉末蚕蛹油，木薯多孔淀粉：蚕蛹油 =1∶0.6（质量比）时可制成淡黄色不结块粉末蚕蛹油。再以玉米醇溶蛋白为壁材，按芯材∶壁材 =1∶0.25（质量比）的比例制取蚕蛹油微胶囊，包埋率达到 94.3 %，外观为淡黄色，无气味。

3. 蚕蛹蛋白和蚕蛹氨基酸

提取蛹油后的残渣主要是蛹蛋白和蚕蛹表层蜡质，粉碎后过筛即得到蚕蛹蛋白粉。蚕蛹蛋白粉也具有不良味道，通常需要进行脱臭调色处理。用汽提除臭法工艺如下：样品 200 克，加冰醋酸 2 毫升，反应温度 80℃，加热时间 20 分钟，蒸馏时间 20 分钟。

蚕蛹蛋白直接食用时消化率不高，通常经过酶解制成小分子肽或氨基酸时的生物活性大幅提高。由于各种酶对蚕蛹蛋白的作用位点不同，蚕蛹蛋白最终酶解产物的氨基酸组成也不同，影响蚕蛹酶解液生理活性的一个重要因素就是多肽氨基酸残基的组成，所以可以利用不同的蛋白酶来设计酶解可能得到的生理活性产物。通常获得的酶解蚕蛹蛋白肽都具有明显的免疫调节功能，有的还具有对血管紧张素转换酶具有较强的体外抑制活性，可以制成降血压肽产品。还有的蚕蛹多肽具有降低血清胆固醇和抗氧化的作用。

蚕蛹制成的儿童用全氨基酸铁锌螯合物营养口服液，不但能补充儿童正常氨基酸量的不足，还可在一定程度上治疗儿童缺铁、缺锌现象。蚕蛹复合氨基酸对肝癌、肉瘤 S180 荷瘤小鼠的瘤体有明显的抑制作用。研究证实，柞蚕蛹中的抗菌肽在体外对人直肠癌细胞有选择性杀伤作用。

4. 蚕蛹虫草

①冬虫夏草（又称虫草）是虫草真菌的子座（stroma）及其寄主蝙蝠蛾幼虫尸体的复合物。本菌属子囊菌纲、麦角科、虫草属，为我国名贵传统的强壮滋补药材。公元八世纪藏药经典《月王药诊》载，其功效补肺益肾。《金汁甘露宝瓶札记》载：“冬虫夏草味甘，性温。滋补肾阴，润肺，治肺病、培根病。”冬虫夏草是名贵的滋补药材，与人参、鹿茸并列为三大补药。虫草既养肺阴又补肾阳，为平补阴阳之品，而且药性和缓。中医认为：长期

适量服用有祛病延寿之功效。

虫草具有喜冷凉、耐湿的特性，主产于西藏自治区、青海、四川、云南、贵州、甘肃等海拔4 000～5 000米的高山、亚高山草甸土地带。虫草由虫体与从虫头部长出的真菌子座相连而成。虫体似蚕，质脆，易折断，断面略平坦，淡黄白色。子座细长圆柱形，89表面深棕褐色，上部稍膨大，质韧，气微腥，味微苦。冬虫夏草以完整、虫体丰满肥大、外色黄亮、内色白、子座短者为佳。

虫草是一种名贵的中药材，随着国内外市场需求的增加，人为开采过度，再加上其严格的寄生性及特殊的生长地理环境，因而野生资源日趋减少，价格十分昂贵。20世纪80年代初，我国已经开始人工培养虫草菌丝的研究工作，并取得了很大进展，由卫生部批准的虫草制剂有“宁心宝胶囊”、“金水宝胶囊”、“百令胶囊”等。并且各地也在开发与虫草外形相似代用品研究，如蛹虫草、秦巴蛹草、蝉花、凉山虫草等。这些代用品在外形上、化学成分上均与虫草相似。多数代用品，尤其人工培养的虫草菌粉，腺苷含量均显著高于野生虫草。

人工蛹虫草为从天然蛹虫草中分离得到的菌种拟青霉（*Paecilomyces militaris*）经人工培养所获得的，经鉴定为麦角菌科虫草属植物蛹虫草。人工栽培冬虫夏草的技术关键是如何得到冬虫夏草真菌的无性型菌株，而蛹虫草是第一个能完全实现人工栽培的虫草属真菌。1986年吉林省蚕科研究所将蛹虫草接种于家蚕和柞蚕上，模拟野生虫草生长环境获得与野生蛹虫草相一致的子实体，开启了我国蛹虫草人工栽培的新纪元。与此同时，广东省农业科学院蚕业与农产品加工研究所利用蚕蛹人工栽培巴西虫草也取得了成功。

②蛹虫草的药用价值。《本草从新》记载：“冬虫夏草甘平保肺、益肾、补精髓、止血化痰，已劳嗽，治隔症皆良。”中医认为：虫草入肺肾，既能补肺阴，又能补肾阳，为治虚症、虚痞、

虚痛的良药。现代药理研究表明：虫草水提液对免疫及血液系统有双向调节作用，可用于肾脏、肝脏、心脏的损伤、保护和防治，对抗衰老、抗应激作用均有很好的药理活性。

虫草的化学成分复杂，含量丰富。虫草中含有的核苷类物质包括腺嘌呤、鸟苷、尿苷等。虫草的核苷类物质中，研究最广泛的就是虫草素。虫草素具有多种药理作用。刘东泽等报道虫草素具有自身免疫调节的作用，可增强体液免疫调节作用，抑制细胞分裂，促进 T 淋巴细胞转化等。也有研究表明，虫草素磷酸可抑制 RNA 和 DNA 的合成，这可能与虫草素的抗肿瘤作用有关。虫草素还对多种致病细菌和致病性真菌具有抑制作用，在治疗细菌真菌感染类疾病方面具有重要作用，同时还具有一定的抗病毒活性，对人类免疫缺陷病毒的侵染和反转录酶活性也有抑制作用。

虫草的另一个重要成分是虫草酸，其化学成分是 D -甘露醇，虫草中甘露醇的含量一般在 5% ~9% ，虫草酸具有防治脑溢血、止咳、平喘等多种功能，但虫草酸并不是冬虫夏草所特有的成分。

虫草多糖也是重要的物质。多糖是一种广泛存在于动物细胞膜、高等植物及微生物细胞壁中的多聚化合物。从香菇中分离的天然多糖和多糖蛋白复合物已被用作治疗药物。多项研究结果表明，虫草多糖具有抗菌、抗病毒和增强免疫力等作用，可替代天然虫草行使某些生物学功能。

冬虫夏草还含有多种其他生理活性物质，如麦角甾醇、超氧化物歧化酶（SOD）、多种氨基酸和维生素等。其中麦角甾醇是真菌细胞膜的成分，在细胞膜中的含量较为稳定，而且它在代谢上也比较稳定，是真菌类的一种特征物质。超氧化物歧化酶是人们熟知的一种生物活性物质，可有效清除人体内自由基，有抗衰老、提高免疫力的作用。另外冬虫夏草所含的多种氨基酸和维生素也具有多种生物保健等方面的作用。

人工栽培的蚕蛹虫草分为 3 种，一是利用家蚕（柞蚕）幼虫或蛹接种虫草菌培育而成的，称为蛹虫草；另一种是以大米、蚕蛹粉为原料接种虫草菌培育而成的子实体，称为虫草花；第三种是利用液体发酵生产的蛹虫草菌丝体。野生虫草、蛹虫草、虫草花、虫草菌丝体的化学成分之间存在较大的差异，其药用价值是不一样的。

表6-3中比较了蛹虫草与冬虫夏草活性成分，可以看出，单从虫草素、虫草酸、虫草多糖、SOD酶活方面比较，人工栽培的蛹虫草生物活性物质含量要远高于冬虫夏草。

表6-3　蛹虫草与冬虫夏草活性成分比较

菌名	虫草素(%)	虫草酸(%)	虫草多糖(%)	SOD酶活(IU/mg)
蛹虫草	2	8	13	584
冬虫夏草	0.48	6.8	12	183

从不同来源虫草的蛋白质氨基酸的构成上也可以看出，蛹虫草氨基酸含量高于冬虫夏草，特别是苏氨酸、缬氨酸、异亮氨酸、苯丙氨酸、赖氨酸、色氨酸等必需氨基酸含量几倍于冬虫夏草（表6-4）。

表6-4　蛹虫草与冬虫夏草氨基酸比较（水解氨基酸）(单位:%)

氨基酸	柞蚕蛹虫草	野生蛹虫草	家蚕蛹虫草	野生虫草
异亮氨酸	1.22		1.53	0.76
亮氨酸	2.02	0.23	2.55	1.2
赖氨酸	2.39	2.86	2.68	1.11
苯丙氨酸	1.72	1.87	1.87	0.74
苏氨酸	1.66	1.97	1.97	0.94
缬氨酸	1.82	2.24	2.24	1.1
蛋氨酸	1.07	1.06	1.08	0.85
色氨酸	0.34	0.58	0.58	0.18
酪氨酸	2.08	2.09	2.09	0.73
丝氨酸	1.36	1.82	1.82	0.97
谷氨酸	3.5	4.57	4.57	2.84
甘氨酸	4.17	3.81	3.81	0.93
丙氨酸	1.8	2.34	2.34	1.2
胱氨酸	0.19	0.23	0.23	0.11

续表

氨基酸	柞蚕蛹虫草	野生蛹虫草	家蚕蛹虫草	野生虫草
天门冬氨酸	3.07	4.13	4.13	1.91
脯氨酸	—	—	—	—

③ 蛹虫草的食用

A：胶囊。蛹虫草含有蚕蛹体，通常通过低温微波干燥、粉碎，装成胶囊后服用。

B：鲜蛹虫草花。鲜蛹虫草花气味芬芳，口感嫩滑。可以在开水中煮烫1~2分钟后，制作凉拌菜；或与较嫩的肉类合炒。

C：干蛹虫草花。干燥的虫草花可以分装成小袋，低温贮藏。干蛹虫草花口感不及鲜货，通常在炖鸡、鸭汤中添加3~5克。

5. 蚕蛹呈味基料

天然复合调味料是世界调味品行业发展的新趋势。目前，国外复合调味料对传统调味料替代率已达到60%以上，我国复合调味品的年产量约为200万吨，已成为食品行业新的经济增长点。

蚕蛹蛋白中呈味氨基酸占总氨基酸含量较高，其蛋白酶解液具有强烈浓郁的鲜甜味，是生产富含呈味肽基料的优质原料。

以桑蚕蛹、柞蚕蛹、蓖麻蚕蛹或者脱脂蛹粉为原料，在微生物发酵的基础上，结合Alcalase酶和风味蛋白酶的复合酶解工艺，将灭酶产物经分离、浓缩和干燥处理，获得昆虫源呈味肽，采用本发明方法制备获得的昆虫源呈味肽具有鲜味醇厚的特征，添加到食品中能明显提升食品的风味。

6. 蚕蛹过敏防治

同其他高蛋白食品一样，食用蚕蛹也有少部分人会出现过敏。出现过敏的人，以后不能再食用蚕蛹。发生过敏症状主要有头晕、频繁呕吐、肢体震颤、口干、皮肤潮红、腹胀、尿潴留、烦躁不安等不良反应。建议立即去正规医院治疗，主要治疗方法：利多卡因0.2~0.3克+东莨菪碱0.3~0.6克加入5%葡萄糖500毫升静脉点滴注射。

参考文献

[1] 魏美才，刘高强. 昆虫蛋白质资源的开发与研究进展 [J]. 中南林学院学报，2001，21（2）：86～90.

[2] 陈惠娟，廖森泰，刘吉平. 昆虫蛋白资源的利用研究概况 [J]. 广东农业科学，2011（19）：105～108.

[3] 王敦，白耀宇，张传溪. 家蚕蛹营养成分及其开发利用研究进展 [J]. 昆虫知识，2004 ，41（5）：418～421.

[4] 孙秀发，赖晓全，郭有锋. 蚕蛹蛋白粉的营养学评价 [J]. 营养学报，1992，14（1）：112～113.

[5] 杨海霞，朱祥瑞，陆洪省. 蚕蛹在医学上的应用研究进展 [J]. 科技通报，2002，18（4）：318～322.

[6] 楼锦新. 蚕蛹复合氨基酸治疗恶性肿瘤 [J]. 中国肿瘤，1995，（45）：29.

[7] NAKASONE S，ITO T. Fatty acid composition of the silkworm，Bombyxmori L. [J]. Journal of Insect Physiology，1967，13（8）：1 237～1 246.

[8] 毛童俊，陈伟平，高秋萍，等. 蚕蛹油对糖尿病大鼠血糖及氧化应激的影响 [J]. 营养学报，2010，32（3）：253～256.

[9] NGUEMENI C，DELPLANQUE B，ROVERE C，et al. Dietary supple～mentation of alpha～linolenic acid in an enriched rapeseed oil diet protects from stroke [J]. Pharmacological Research，2010，61（3）：226～233.

[10] 张海祥，方婷婷，潘文娟，等. 响应曲面法优化尿素包合富集蚕蛹油α-亚麻酸的工艺 [J]. 食品科学，2011，32（4）：74～77.

[11] 施英，吴娱明，廖森泰，等. 蚕蛹油微胶囊的制备 [J]. 蚕业科学，2010，36（5）：875～878.

[12] 贡成良，吴友良，朱军贞，等. 家蚕蛹虫草的人工培育及其成分分析. 中国食用菌，1994，12（4）：21～23.

[13] 贡成良，潘中华，郑小坚，等. 家蚕蛹虫草对小鼠免疫调节的影响. 蚕业科学，2004，30（4）：386～389.

[14] 马冰如，何玲，张甲生，等. 蚕蛹虫草与冬虫夏草化学成分比较. 中国食用菌，1995，13（1）34～37.

[15] 徐廷万，王丽波，段文健，等. 人工蛹虫草胞外多糖对受抑制的免疫功能的影响及抗疲劳作用. 中药药理与临床，2002，18（6）：17～18.
[16] 阮婧华. 冬虫夏草、人工蛹虫草的内在质量研究 [D]. 沈阳药科大学，2002.
[17] 刘玉梅，于开明. 利多卡因联合东莨菪碱治疗蚕蛹中毒60例疗效观察 [J]. 医学创新研究，2006，3（3）：72.

第七章 蚕 蛾

家蚕（*Bombyx mori*）是完全变态的昆虫，一生要经历4个完全不同的形态阶段：蚕卵、幼虫、蚕蛹、蚕蛾，而蚕蛾是其一生的最后一个阶段，由蛹羽化而来，它既不取食，也不生长，完成交配和产卵后即结束一生。可见蚕蛾是性成熟的生殖阶段，在这个特殊的变态期，为繁衍后代其体内不仅积累了大量的营养物质，而且含有极其丰富而活跃的生理活性物质。

第一节 蚕蛾成分

蚕蛾营养成分丰富。蚕蛾体内（克/100克食部）含水分63.2、蛋白质13.9、脂肪17.0、碳水化合物1.56、灰分4.34。

1. 蛋白质和氨基酸

蚕蛾蛋白质的氨基酸含量（毫克/100克食部）达14400，不但氨基酸种类齐全，比例均衡，而且比例适当，高于世界卫生组织和联合国粮农组织（WHO/FAO）推荐的蛋白质氨基酸记分模式。

2. 脂肪酸

蚕蛾脂肪酸中，软脂酸(C16:0）14.8%、棕榈酸（C16:1）3.5%、硬脂酸（C18:0）2.8%、油酸（C18:1）32.1%、亚油酸（C18:2）7.1%、亚麻酸（C18:3）35.9%、其他3.8%。雄蚕蛾的脂肪含量高，且其不饱和脂肪酸的含量达78.6%，必需脂肪酸占43%，在《食品成分表》中未见有一种动物的必需脂肪酸含量超过它。

3. 矿物质和维生素

蚕蛾所含的矿物质、微量元素中（100 克食部）钾 125 毫克、钠 2.65 毫克、镁 9.90 毫克、铁 0.44 毫克、锰 0.02 毫克、锌 0.03 毫克、铜 0.03 毫克、磷 425 毫克、硒 700 微克，硒的高含量超过《食品成分表》中任何一种食物，是山东产鸡蛋（A16018）的 41 倍、山东产海米（A19010）的 2.7 倍。硒具有保护生物膜免受损害，维持细胞的正常功能，保护心血管，维护心肌健康，促进生长，抑癌、抗癌的作用。以每只柞蚕雄蛾 2 克计，即可补充 14 微克硒，相当于山东产番茄（A07019）20 千克或山东产猪精肉（A12236）212 克的硒含量。根据国家提出的硒的平均需要量（EAR），14 岁以上人群每人每天 50 微克计算，萝卜素与维生素 A 的总和 94.5 微克、硫胺素（维生素 B_1）0.04 毫克、核黄素（维生素 B_2）0.06 毫克，100 毫升 10% 的水提液中含维生素 E 1.4 毫克，与牛乳的维生素 E 含量相当。

4. 活性成分——激素类物质

蚕蛾体内富含激素类物质，主要包括雄性激素、蜕皮激素、雌二醇、保幼激素、脑激素（主要包括促前胸腺激素、羽化激素、促黑化激素、脂动激素、利尿激素、滞育激素等）等。其中，雄性激素对增强人体免疫力和性功能效果显著；蜕皮激素具有促进细胞生长，刺激真皮细胞分裂，产生新的生命细胞和生殖细胞的作用；雌二醇临床用于卵巢功能不全或卵巢激素不足引起的各种症状，主要是功能性子宫出血、原发性闭经、绝经期综合征以及前列腺癌等；保幼激素有增加免冠动脉血流量、控制特异性蛋白质合成、促进生长、阻止老化的神奇功效；脑激素对中老年人有极好的保健作用，服用一定量的脑激素可以促进细胞生长，刺激真皮细胞分裂，控制特异性蛋白合成，并推迟更年期的到来，达到延缓衰老的目的。

第二节　蚕蛾的保健功能

蚕蛾，别名原蚕蛾、晚蚕蛾，属食疗同源昆虫。蚕蛾食用历史悠久，早在唐宋时期，就被皇室视为一种珍贵补品。蚕蛾作为中药最早记载于《名医别录》，谓之“原蚕”。据明朝李时珍《本草纲目》记载：“雄原蚕蛾益精气，强阴道，交接不倦，亦止精。壮阳事，止泄精、尿血、暖水脏，治暴风、金疮、冻疮、汤火疮、灭瘢痕。蚕蛾性淫，出茧即媾，至于枯槁而已，故强阴益精用之。”《本草纲目》中称雄蛾为“神虫国宝”。《中药大辞典》述：“原蚕蛾【功效主治】补肝益肾，壮阳涩精。治阳痿、白浊、尿血、创伤、溃病及烫伤。”

1. 雌激素样作用

雌蚕蛾所含的雌激素是天然界所有生物中含量最高的，能激活女性内分泌的调节轴（下丘脑垂体卵巢），调节内分泌，使女性建立起规律、健康的月经周期。研究发现家蚕雌蛾粉及其提取液能使未成年小白鼠子宫增重，柞蚕雌蛾为主要原料制成的九如天宝液可使丙酸睾丸素所致的大鼠前列腺增生体积缩小、重量减轻。吉林爱心保健品有限责任公司生产的爱心舒丽液保健食品，系采用蛾辅以名贵中药精制而成，完美保留了雌蚕蛾中的雌性激素成分，能有效补充女性所缺乏的雌性激素，激活女性内分泌，建立女性健康的月经周期，促进乳卵巢的再次发育，是女性补血、调经养颜、抗衰老的保健佳品。

2. 雄激素样作用

雄蚕蛾体内的雄性激素对增强人体免疫力和性功能效果显著。1941 年日本吉田德太郎从雄蚕蛾中分离到睾丸酮类似物（Testostrone Like），注射于去势的小鼠（10 毫克/500 微升），7 天后精囊及副腺比对照增重30.12%及61.36%，效果非常显著。广东省农业科学院蚕业与农产品加工研究所研究的维力康胶囊以未交尾的家蚕雄蛾为主要原料，对男性生殖功能有明显改善，120例年龄在25~47岁的男性不育症患者服用维力康胶囊（400毫克/次，2次/天）90天后，发现其精子数、精子活动率及正常精子形态均比服用前明显增加，说明维力康胶囊可增强患者的性功能及提高性能力，进一步证实了雄蚕蛾中雄性激素类物质的作用。医学研究表明，总睾酮增加可以减少前列腺癌的发病风险，而低睾酮患者的预后较差。然而，随着年龄的增长，男性体内的雄性激素慢慢减少，因此，中老年人群有适当补充雄激素的必要性，而雄蚕蛾无疑是补充外源性雄性激素的理想食品。

3. 免疫调节作用

有研究报道，柞蚕雄蛾口服液能显著降低大鼠血清肝脏过氧化脂质含量，从而减轻过氧化脂质对生物膜及神经系统的损害，并能明显增强小鼠的非特异性吞噬功能，对抗体免疫功能有正向调节作用；研究还发现，蚕蛾口服液可调节改善小白鼠阳虚症状，并能延长小鼠的游泳时间及耐缺氧能力，说明蚕蛾粉对肾阳虚小鼠具有增强体质、镇痛及提高耐力的作用。

第三节　蚕蛾产品及食药用方法

1. 炒蚕蛾

蚕蛾是蝴蝶的一种，全身披着白色鳞毛，但翅膀已退化并失去飞翔能力。雄蚕蛾与雌蚕蛾以及没有交配的雄蚕蛾与蚕种场制种交配后的雄蚕蛾在功能成分上也有较大的不同。为了防止蚕蛾成分的劣变，首先需要将蚕蛾烫漂，然后去毛、干燥。为指导蚕蛾的生产，特制定炒蚕蛾生产技术规程。

（1）总体工艺技术路线

根据蚕蛾的原料特性，结合现代加工技术，首先确定炒蚕蛾的大致工艺流程如下。

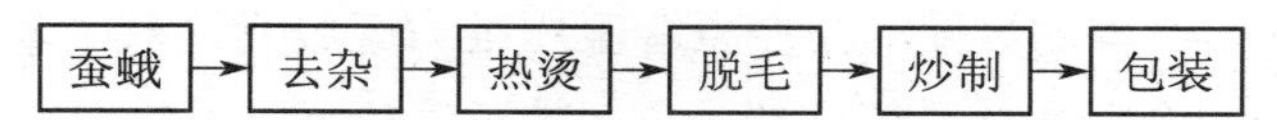

（2）生产技术要点

a. 蚕蛹分雌雄。由于雄蚕蛾与雌蚕蛾在药理功能上有较大的区别，所以首先要在家蚕幼虫化蛹后蛹体颜色转黄褐色，削茧分雌雄。蛹的外部雌雄特征：雌蛹腹部肥大，末端钝圆，在第八腹节腹面正中有细线纹，在体节的前缘及后缘向中央弯入，呈“X”形；雄蛹腹部较小，末端稍尖，在第九腹节中央有1个褐色小点。

b. 蚕蛹发蛾。分好雌雄的蚕蛹分别轻放于预先铺好稻草的竹窝中，注意补湿、控温。蚕蛹发蛾时盖有孔的棉布，孔是方便蚕蛾爬出，棉布用于吸收蚕蛾的尿液。

c. 收集蚕蛾。将棉布中的蚕蛾收集于一竹窝或塑料盘中，拾捡竹窝中的剩余及晚出的蚕蛾，检查去除稻草、死蛾及混入的异性蚕蛾等。

d. 烫漂。将蚕蛾用蒸汽或热水烫死，时间在2~3分钟。

e. 脱毛。将蚕蛾在光滑的竹窝中慢慢磨，将鳞毛洗净。

f. 炒制。用文火炒干，要求温度80℃以下，炒干到黄净为适。

g. 保存。炒干或烘干后放至常温装于塑料袋中密闭保存于阴凉处。保证干燥、无霉而带蚕蛾香气者为佳。

2. 蚕蛾酒

蚕蛾酒可分饮料食品和滋补品。以雄蚕蛾为主，配以可供食用的中药则成为食品饮料酒；如配以滋补和疗效的中药则成为滋补酒。用浸渍法制成药酒，具有发挥药效快、便于服用、有效成分浓度高、比较适口、可长期保存、与膳食共用等特点。为了指导雄蚕蛾酒的生产，特制定蚕蛾酒生产技术规程。建议各企业参照本规程，制定适合自身生产条件的生产技术规程。

（1）总体工艺技术路线

根据雄蚕蛾的原料特性，结合现代露酒的加工技术，首先确定雄蚕蛾酒的大致工艺流程如下。

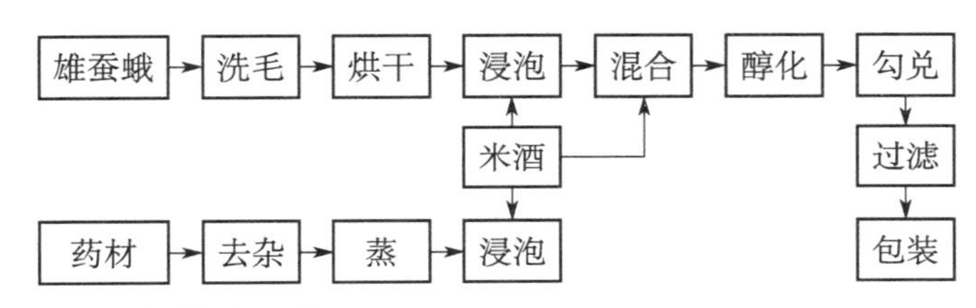

（2）生产技术要点

a. 蚕蛾的浸提。干雄蚕蛾用50°白酒浸泡，雄蛾干物与白酒重量比为1∶5，白酒应设法漫过蚕蛾的表面。开始时2天搅拌1次，以后视情况而定，同法浸提3次浸渍30～45天。使其中有效成分如醇溶蛋白、氨基酸、脂肪、类脂、维生素和激素等溶于酒中。蚕蛾酒呈淡褐色且有浓郁的蚕蛾香味。酒度为50°±2°、总酸度0.04%～0.05%、总脂0.3%～0.4%。所用白酒应按国家规定的标准检验。

b. 中药酒的浸提。按配方将中药材按比例配齐，切碎，蒸30分钟，目的是杀菌并使中药适当吸水软化，有利于药效成分浸出。将药物投入酒缸中，加50°白酒浸渍。方法与蚕蛾酒相同。经第1次浸提后的中药可再用酒浸提1次，浸出的药酒与第1次的混合。

c. 酒醪的醇化。将蛾酒与药酒按比例混合。由于成分不同，混合后会出现浑浊，充分搅拌后静置一段时间而使之澄清。为了使酒中的有机酸得到充分醇化，可将煮熟的肥猪肉投入酒中，用量为酒的4%～5%。醇化过程是让猪肉中的脂肪与酒中的有机酸作用形成特有的香气。

d. 勾兑。主要是通过调配以发挥浸酒中多种香味成分达到纯和的工序。酒中的乙酸、乳酸及多种氨基酸是呈味的重要物质，含量以0.1克/毫升为宜。蚕蛾中含有高不饱和脂肪酸等高级酸酯，因而具有独特的香味。一般用蚕蛾酒：药酒：50°白酒：水按3:3:2:1或适当比例勾兑。

e. 过滤和装瓶及成品处理

勾兑后的蚕蛾酒要经过滤以排除杂质和微生物，保证达到卫生标准。一般用不锈钢的板框过滤器，过滤介质可用滤纸、棉质滤布或硅藻土。

盛酒的瓶子要按卫生部门规定的方法进行清洗和消毒。一般应有完善的洗瓶机和灭菌装置，灌瓶工序应在防霉防尘的工段中进行，平时用紫外线消毒空气。

3. 蚕蛾胶囊

蚕蛾胶囊生产技术规程根据授权专利“一种雄蚕蛾胶囊及其制备方法”（专利号00114158.9）编写。

根据我国保健食品的审批办法，利用中药研制的保健食品必须符合中医药的使用原则，在申报材料中要明确配方组成及配方依据。

维力康胶囊以未交尾的雄蚕蛾作为主要原料，同时配伍桂圆肉、巴戟天、黑枣、枸杞子等一系列相辅相成的中药材，构成产品配方。为保证全方配伍，提出了补中有泻，泻中有补，补大于泻，以补肾阴生精血为主，兼补肾阳，以达阴中求阳，阴阳双补的配方构成原则。

（1）工艺技术路线

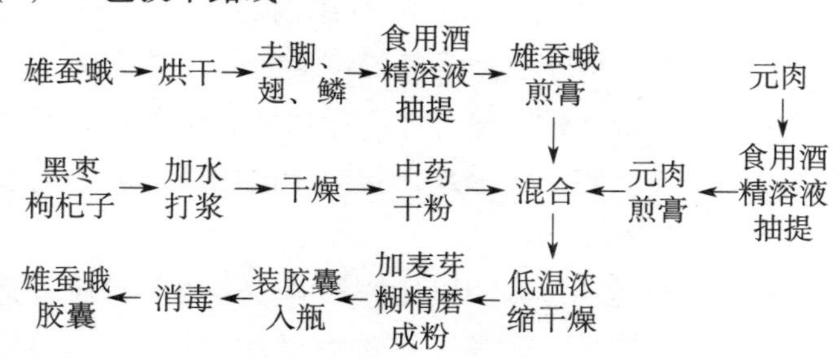

（2）生产技术要点

a. 蚕蛾的处理及有效成分的提取。将雄蚕蛾用热水烫死，低温干燥，除去足、翅和鳞屑，用2倍的低沸点石油醚在35～40℃提取脂溶性成分，过滤，滤液真空浓缩并回收石油醚得雄蚕蛾浸膏Ⅰ；将抽提脂溶性成分后的雄蚕蛾躯体粉碎，得雄蚕蛾细粉，取5/6用60%～70%的食用酒精在50～60℃浸提，过滤，滤液真空浓缩并回收酒精，即得雄蚕蛾浸膏Ⅱ；合并浸膏Ⅰ和Ⅱ，制得雄蚕蛾浸膏。

b. 中药浸膏的制备。将等份的龙眼肉、枸杞子和黑大枣加水打浆，再加5倍去离子水，在100℃条件下抽提，过滤去渣，将滤液在70～80℃条件下真空浓缩，制得中药浸膏。

c. 成品制备。将雄蚕蛾浸膏和中药浸膏按比例混合，并加入前面步骤剩余的1/6抽提脂溶性成分后的雄蚕蛾细粉，搅拌均匀，低温干燥，再加麦芽糊精精磨成粉，装入空胶囊，包装后^{60}Co辐照灭菌，即制为维力康胶囊（雄蚕蛾胶囊）成品。

4. 蚕蛾口服液

以复方蛾公口服液为例，阐述利用蚕蛾开发口服液产品的工艺技术。

（1）工艺技术路线

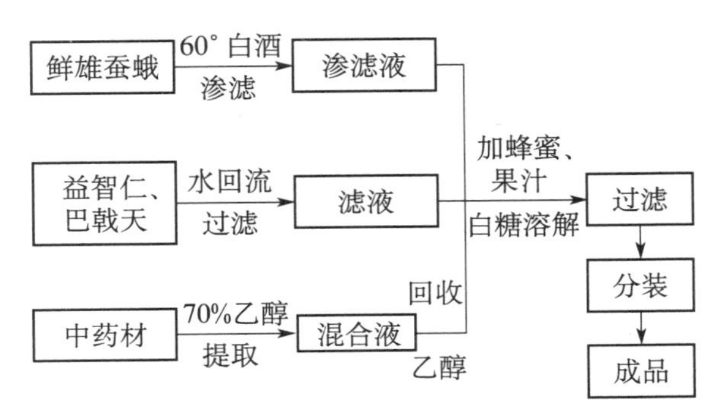

（2）生产技术要点

a. 有效成分的提取。鲜雄蚕蛾60°白酒渗滤得雄蚕蛾提取物；益智仁、巴戟天用水回流提取过滤，其余中药材用70%乙醇提取过滤。

b. 调配。将三种提取液合并，添加适量蜂蜜、果汁、白糖调配口感，控制成品醇含量为20%。

参考文献

[1] 于波，李维胜，邹德庆，等. 蚕蛾营养成分及其保健品的研究与应用[J]. 山东农业科学，2006（2）：78～80.

[2] 范作卿，郑淑湘，邹德庆，等. 蚕蛾的研究与开发利用现状［J］. 北方蚕业，2005，26（4）：6～11.

[3] 王艳辉，陈亚，绍禹，等. 蚕蛾的应用研究进展［J］. 中国蚕业，2008，29（4）：14～16.

[4] 刘殿英，刘石，朱梦秋，等. 复方蛾公口服液工艺研究［J］. 黑龙江医药，1995，8（5）：248～249.

[5] 陈卫东，肖更生，姚锡镇，等. 一种雄蚕蛾胶囊及其制备方法［P］. 中国，00114158. 9：2001－10－03.

[6] 任培华，高树梅. 雄蚕蛾酒工厂化生产技术研究［J］. 四川蚕业，2011（1）：22～23.

[7] 穆利霞，廖森泰，肖更生，等. 蚕蛹蛋白的综合利用研究进展，广东农业科学，2011，38（23）：106～109.

[8] 一种食用昆虫源呈味肽及其制备方法，申请号：201210569603. 4.

[9] 一种蚕蛹香菇酱及其制作方法，申请号：20131026. 8052. 2.

第八章　蚕　沙

蚕沙是蚕食桑后排泄出来的粪便。色墨绿，呈颗粒状，其大小随着龄期递进而增大，一龄时小如细沙，至五龄盛食期大如绿豆，饲养1盒蚕种（约25 000条蚕），全龄期可获得100～150千克新鲜蚕粪，风干后可得到50～55千克风干蚕沙或45千克左右的干燥蚕沙。

蚕沙味甘、辛，性温。归肝、脾、胃经。具有祛风除湿，和胃化浊的作用。主治风湿痹痛，肢体不遂，湿疹瘙痒，湿浊内阻而致的吐泻转筋。

第一节　蚕沙的成分

蚕沙中粗蛋白质占16.7%、粗脂肪占3.7%、粗纤维占19%、可溶性无氮物占45%、灰分占15.6%。蚕粪富含营养成分，是上等的肥料和猪、羊、鱼的理想饲料。蚕粪还富含叶绿素和维生素E、维生素K、果胶等，是提取这些化学物品较为经济的原料。蚕粪还用来制作蚕沙枕头，据认为具有清凉和降血压等效果。蚕沙含植物醇0.25%～0.29%。另含不皂化成分β-谷甾醇、胆甾醇、麦角甾醇和廿四醇、蛇麻脂醇。从蚕沙中还分离出β-谷甾醇-β-葡萄糖苷。

蚕沙所含游离氨基酸，曾发现亮氨酸、组氨酸等13种氨基酸。随着蚕儿长大，粪中亮氨酸与组氨酸含量亦渐增多。蚕沙还含有丰富的胡萝卜素。

第二节　蚕沙的保健功能

1. 抗肿瘤作用

蚕沙中分离出的叶绿素衍生物（CPD），其中的 13 -羟基（13 - R，S）脱镁叶绿素 a 和脱镁叶绿素 b 对体外肝癌组织培养细胞有抑制作用。小鼠腹部下接种肉瘤 S180 作为模型，瘤内注射 CPD，注后 1 ~2 小时或 24 ~48 小时，以适当波长光线照光，早期照光者肿瘤治愈率 100%，注射后 24 ~48 小时照光者，肿瘤治愈率只有 60%。因此，早期照光是必要的。但自然界的脱镁叶绿素类在黑暗中也有细胞抑制作用，提示该类化合物对细胞的抑制作用，除光敏作用外，尚有其他作用机制参与。10 - 羟基脱镁叶绿素 a 也显示较强的光动力学作用。编号 CPD4 的叶绿素衍生物，对荷瘤小鼠肿瘤细胞的杀伤剂量 50 毫克/千克（静注），结合 200 毫瓦/平方厘米功率激光或光辐射照射 20 ~30 分钟，对小鼠移植肉瘤 S180 和 Lewis2 肺癌或宫颈癌 U14 均有明显杀伤效应。从蚕沙中分离得到的六种叶绿素衍生物中以 CPD7（3）杀伤力最强，CPD4 最弱。CPD 的光氧化（降解）产物保留光动力感光剂的所有特征。

2. 降血糖作用

刘泉等选用正常小鼠及四氧嘧啶诱导的高糖小鼠，比较研究了蚕沙提取物对蔗糖、淀粉及葡萄糖负荷后的小鼠血糖升高的影响，发现蚕沙提取物能明显降低正常小鼠和高糖小鼠蔗糖或淀粉负荷后的血糖峰值及血糖曲线下面积（AUC），并使血糖峰值后移，但对葡萄糖耐量无影响；在其长期实验中，蚕沙提取物可明显改善高糖大鼠的三多症状，使空腹血糖、非禁食血糖、血清果糖胺浓度、血脂及尿糖等明显低于对照组，同时血清 N -乙酰- β - D -氨基葡萄糖苷 NAG 酶活性、坐骨神经中山梨醇含量及红细胞中还原型谷胱甘肽（GSH）含量也有明显改善。最后认为，蚕沙的这种效果是由于其提取物具有 A－糖苷酶活性抑制作用，能改善糖尿病动物的糖、脂代谢异常。刘兴忠等研究了中药蚕沙对早期糖尿病肾脏病变的治疗作用。选取糖尿病早期肾脏病变病人 42 例，随机分为蚕沙治疗组和对照组。治疗前，于晨起空腹肘静脉采血测定血糖、血脂、血常规、血生化、肝功能，同时测尿白蛋白排泄率（U AER），测量并记录血压。治疗过程中观察、记录两组病人出现的副作用，每月测定血糖、血常规、血生化、肝功能。两组病人在应用胰岛素或口服降糖药物“糖适平”治疗的基础上，对照组加服卡托普利治疗，治疗组加蚕沙治疗。疗程为 3 个月，治疗结束后重复治疗前检查项目。实验结果发现治疗前两组病人临床症状、血压、血脂、血糖、UAER、血、尿 B2－微球蛋白（B2－MG）相似，治疗后两组病人各项指标明显改善，而治疗组上述指标改善优于对照组（$P < 0.05$），说明可见蚕沙能降低血糖，对早期糖尿病肾脏病变有明显疗效。孙丙玉等的相关实验也得出相同结论。

3. 改善和治疗贫血

林庚庭等建立免疫介导的再生障碍性贫血小鼠模型，对蚕沙改善造血功能的效果进行了研究。将已建立的再生障碍性贫血小鼠模型分别胃饲 3 种不同剂量叶绿素铜钠，以环孢菌素为阳性组，正常组及模型组胃饲生理水，连续 15 天。检测血清及骨髓 A 肿瘤坏死因子，C 干扰素、白介素-6 含量。结果发现蚕沙提取物组小鼠血及骨髓 IFN－C、I L－6、TNF－A 水平相对模型组有显著降低，认为蚕沙提取物通过调节造血调控因子 IFN－C、TNF－A 及 IL－6 的水平，从而改善小鼠的造血功能。

陶红等以 159 例气血两虚型缺铁性贫血患者为对象，对蚕沙治疗缺铁性贫血的效果进行了临床研究，结果显示，蚕沙能有效改善缺铁性贫血患者的实验室指标，治疗前后血红蛋白（Hb）、平均红细胞血红蛋白浓度（MCHC）、血清铁蛋白（SF）有非常明显变化（$P < 0.001$），红细胞平均体积（MCV）、平均红细胞血红蛋白含量（MCH）有非常明显的改善（$P < 0.01$），疗效与西药福乃得（维铁控释片）相当，表明蚕沙对缺铁性贫血（气血两虚证）具有疗效。

在这些研究的基础上，近年来通过现代科学技术对蚕沙进行开发利用，获得了中药类新药生血宁，该新药能明显促进小鼠骨髓红系祖细胞的增殖，对大鼠失血性贫血和小鼠的溶血性贫血也有很好的恢复作用。

4. 抗氧化作用

冯清等将从蚕沙中提取、精制的叶绿素类金属配合物［Fe^{2+}（Ⅰ）、Cu^{2+}（Ⅱ）、Mn^{2+}（Ⅲ）、Co^{2+}（Ⅳ）］作为抗活性氧（$O_2\cdot^-$、H_2O_2、OH·）模拟酶，用核黄素-蛋氨酸光照法测其清除 $O_2\cdot^-$ 作用；H_2O_2氧化维生素C法测其催化H_2O_2的分解；Fenton-苯甲酸钠荧光法测其对OH·清除作用；小鼠肝匀浆法测其抗脂质过氧化作用。结果发现$1\times10^{-5}\sim1\times10^{-6}$摩尔/升具有良好的清除$O_2\cdot^-$作用，活性顺序为：$Cu^{2+} > Mn^{2+} > Co^{2+} > Fe^{2+}$；约$1\times10^{-7}$摩尔/升具有分解$H_2O_2$作用，活性顺序为：$Cu^{2+} > Mn^{2+} > Fe^{2+} > Co^{2+}$；约$1\times10^{-8}$摩尔/升具有清除OH·的功能，活性顺序为：$Cu^{2+} > Co^{2+} > Fe^{2+} > Mn^{2+}$；约$1\times10^{-8}$摩尔/升可使脂质过氧化产物明显减少，活性顺序为：$Cu^{2+} > Co^{2+} > Mn^{2+} > Fe^{2+}$。说明蚕沙中叶绿素类金属配合物可作为抗多种活性氧（$O_2\cdot^-$、H_2O_2、OH·）的模拟酶。

5. 消炎抑菌作用

竺智雄等对临床最常见的由创伤性滑膜炎、慢性滑膜炎、骨性关节炎引起的膝关节积液，采用抽液、玻璃酸钠注射结合中药防己蚕沙汤治疗62例，并与单纯关节抽液、玻璃酸钠注射治疗的

38 例对照，发现防己蚕沙汤和玻璃酸钠治疗膝关节积液效果显著。吴联等采用石油醚、氯仿、乙酸乙酯和正丁醇依次对蚕沙 70% 乙醇粗提物进行萃取，采用药敏纸片法测定了不同萃取物分别对停乳链球菌、金黄色葡萄球菌、无乳链球菌、乳房链球菌、大肠杆菌、沙门氏菌的抑菌活性，结果显示，各萃取物的抑菌活性由强到弱的顺序为乙酸乙酯相、石油醚相、氯仿相、正丁醇相，主要抑菌活性成分为香豆素内酯、黄酮类和酚类。

6. 治疗口腔溃疡

夏德娣运用蚕沙、土茯苓代茶饮治疗口腔溃疡 20 例，并与维生素 B_2 联用冰硼散外涂治疗 20 例，进行对照观察，发现治疗组 80% 痊愈，20% 好转，总有效率 100%，明显优于对照组，蚕沙与土茯苓联用治疗口腔溃疡疗效显著。

7. 其他作用

戚志良等研究了蚕沙水提液对小鼠体重、睡眠等的影响，发现蚕沙具有一定的营养作用，长期给予蚕沙，可增加小鼠的体重，同时利用 YLS－1A 多功能小鼠自主活动记录仪检测到蚕沙对小鼠具有一定的镇静作用，也发现蚕沙可显著缩短戊巴比妥钠引起的小鼠入睡潜伏期，延长小鼠的睡眠时间。

第三节　蚕沙的产品及食药用方法

1. 蚕沙冲剂

现有技术文献报道蚕沙原药材含有丰富的营养物质，并具有较高的药理价值。其中，铜、铁、磷及其他微量元素含量均较高，氨基酸有 18 种，包括人体必需的 8 种氨基酸。单宁和维生素 C 在医药上具有收敛作用，对腹泻、鼻出血、牙龈出血及痔出血等均有良好的疗效。含有的果胶活性高于植物性果胶（如苹果果胶、柑橘果胶等)，对各种致病菌有较强的抑制和杀灭作用，能防治肠道失常症，对便秘有显著的疗效。蚕沙还含有调节血糖的活性成分1-脱氧野尻霉素（一种α-葡萄糖苷酶抑制剂）。长期饮用蚕沙冲剂，具有多种保健功能。

专利“一种蚕沙冲剂的制作方法”（ZL 01127665.7）公布了蚕沙冲剂的加工方法：按蚕沙：抽提物=2.5：1的重量配比加入茶叶提取物或者含有人参皂甙的人参或西洋参的抽提物，再混合、拌匀、干燥、灭菌制得，其中，茶叶抽提物是由茶叶在5~15倍体积沸水中浸泡10~30分钟，过滤得滤液，重复浸提2~3次，合并滤液获得的；含有人参皂甙的人参或西洋参的抽提物是由人参或西洋参在5~15倍体积沸水中浸泡10~30分钟，过滤得滤液，重复浸提2~3次，合并滤液获得的。滤液按比例少量多次加入蚕沙中，拌匀，风干，再在80℃左右下干燥至含水率10%左右，解块分散，包装，封口即得蚕沙冲剂成品。

将蚕沙加工成冲剂，产品风味口感得到改善，更容易为消费者接受，产品本身良好的调节人体生理活性的作用能得到更大程度的发挥。

2. 蚕沙枕头

以桑叶为主要成分的蚕沙为主药，辅助以其他中药，制成枕芯，在使用时，头温及头部的压力使枕内药物有效成分缓缓散发。第一，呼吸入肺，进入血液循环，输布全身。第二，持续作用于头项部的颈胳和穴位，有助于人体调节功能的发挥，使全身的肌胳舒通，气血流畅，脏腑安和。第三，通过渗透的方式进入皮肤，使人体吸收，从生理、心理、药理三方面发挥综合治疗作用。用蚕沙做的枕头还具有清凉降火的作用，它吸汗力强，透气性好，冬暖夏凉。还是那句老话：蚕沙做枕头主要是要防渗漏，用的时间长了会渗漏，所以做枕头的面料要选好，最好能买到杜邦工艺的布料，这样长期使用没有渗漏的情况。同时枕套选择纯棉的面料，便于吸汗。蚕沙晒干去杂质，做一个布套把蚕沙装进去然后再套上外套就行，有头痛的可减轻头痛，可以治头风，吸汗，有利于健康睡眠。据记载：蚕沙具有和胃化、祛风除湿、凉爽止汗、治头眩、目赤、迎风流泪、湿疹瘙痒、外感头痛诸症之功效。唐代著名的医学家孙思邈在《千金要方》中说："冬冻脑，春秋脑足俱冻，为圣人之常法也。"由此可见，枕头的温度宜低于头部的温度，有助于睡眠。盛氏蚕沙枕头就是根据这个医学道理精选上乘蚕沙，精心设计加工而成的。蚕沙枕头的适宜人群：一是新生儿。新生儿肺火旺盛，使用蚕沙枕可醒脑，凉爽止汗，祛暑退火。有益于幼儿枕出健康周正的头形，聪耳明目，预防起痱子等。二是老年人。用于肝火阳亢型脑卒中后遗症，肢体麻木瘫痪，头晕目眩，头重脚轻，面部烘热，烦躁易怒，血压增高，舌质偏红，苔黄。用蚕沙枕头可缓解神经衰弱、失眠、高血压、风湿、关节疼痛、颈椎、肩周炎等症，长期使用，能持续作用于头、颈部的颈胳和穴位，有助于人体调节功能的发挥，使全身的肌胳舒通，气血流畅，脏腑安和。蚕沙具有清热解毒，安神醒脑，降低血压，消炎止痛，聪耳明目，增强记忆，改善睡眠，促进大脑血液循环，预防中风瘫痪，手足不遂等功效！三是教师学生等脑力劳动者。蚕沙枕具有清热解毒，安神醒脑，降低血压，消炎止痛，聪耳明目，增强记忆，改善睡眠，促进大脑血液循环，预防中风瘫痪，手足不遂等功效！四是其他失眠患者及睡眠质量不佳人群。蚕沙枕可以改善睡眠，促进大脑血液循环，把充沛的精力投入到工作当中去！

蚕沙枕做法：选蚕沙、桑叶→炒制、去杂→定型→检验、包装出厂。

①选三四龄期蚕沙，捡去杂质，进行高温消毒、炒熟（有浓香味道即可），将炒熟好的蚕沙再进行冲洗，去掉表面炒制形成的粉尘，再高温烘干备用。

②选取生长势旺、叶色绿、成熟、无病虫害的桑叶，清水洗

干净，阴晾干，高温烘干到脆（即有浓香味、手揉成沫），揉成碎沫，去粗筋备用。

③选用上等菊花、玫瑰花、薰衣草等各类药用植物的花叶和茎的干品，按一定的比例干燥粉碎混合备用。

④将蚕沙、药用植物的备用品按一定的比例混合待装枕。

⑤将桑叶、药用植物的备用品按一定的比例混合待装枕。

⑥缝制枕袋，将布料按规定尺寸裁好，分为上、下层，上层为小井字格，下层为大井字格，上层装蚕沙，下层装桑叶。

⑦缝口、包装、检验、出厂。

3. 蚕沙处方

①治湿聚热蒸，蕴于经络，寒战热炽，骨骱烦疼，舌色灰滞，面目萎黄，病名湿痹："防己、杏仁、滑石各五钱，连翘、山栀各三钱，苡仁五钱，半夏三钱（醋炒），晚蚕沙三钱，赤小豆皮三钱。水八杯，煮取三杯，分温三服，痛甚加片子姜黄二钱，海桐皮三钱。"（《温病条辨》宣痹汤）

②治风瘙隐疹，遍身皆痒，搔之成疮："蚕沙一升。以水二斗，煮取一斗二升，去滓，温热得所以洗之，宜避风。"（《圣惠方》）

③治外感头痛："蚕沙、白芷、大黄各三钱。共研细末，调葱汤外敷。"（《泉州本草》）

④治风湿痛或麻木不仁："晚蚕沙一两。煎汤，一日三回分服，临服时和入热黄酒半杯同服。"（《现代实用中药》）

⑤治半身不遂："蚕沙二硕。以二袋盛之蒸熟，更互熨患处。仍以羊肚、粳米煮粥，日食一枚，十日即止。"（《纲目》）

⑥治霍乱转筋，肢冷腹痛，口渴烦躁，目陷脉伏，时行急证："晚蚕沙五钱，生苡仁、大豆黄卷各四钱，陈木瓜三钱，川连（姜汁炒）三钱，制半夏、黄芩（酒炒）、通草各一钱，焦栀一钱五分，陈吴萸（泡淡）三分。地浆或阴阳水煎，稍凉徐服。"（王士雄《霍乱论》蚕矢汤）

⑦治烂弦风眼："以真麻油浸蚕沙二三宿，涂患处。"（《陈氏经验方》一抹膏）

⑧治迎风流泪："蚕沙（炒）四两，巴戟（去皮，用练肉）、马蔺花（去梗）各三两。为细末。每服二钱，无灰酒，不拘时候调下。"（《眼科龙木论》蚕沙汤）

⑨治男子妇人心气痛不可忍者："晚蚕沙，为末；滚汤泡过，滤清汁服之，不拘时候。"（《奇效良方》蚕沙散）

⑩治遗精白浊，有湿热者："生蚕沙一两，生黄柏一钱。同研末。空心开水下三钱。"（《医学从众录》蚕沙黄柏汤）

参考文献

[1] 陈纪鹏. 蚕沙的考证 [J]. 中国药品标准，2009，10（3）：173.

[2] 江苏新医学院. 中药大辞典 [M]. 下册. 上海：上海人民出版社，1977.

[3] 崔锡强，李杏翠，等. 蚕沙化学成分研究 [J]. 中国中药杂志，2008，33（21）：2 493.

[4] 周光雄，阮杰武，等. 蚕沙种生物碱成分研究 [J]. 中药材，2007，30（11）：1384.

[5] 郭兰忠. 现代实用中药学 [M]. 北京：人民卫生出版社，1999.

[6] 林康庭. 蚕沙提取物对再生障碍性贫血小鼠细胞因子影响的实验研究 [J]. 中国中医药科技，2008，15（2）：117.

[7] 周天寒. 蚕沙临床应用琐谈 [J] . 中国乡村医生杂志，1999，6：8 .

[8] 郭宝星. 蚕沙及其提取物在医学上的应用 [J]. 四川中医，2003，21（3）：19.

[9] 刘泉. 蚕沙提取物的抗糖尿病作用研究 [J]. 中国新药杂志，2007，16（19）：1 589.

[10] 变蚕沙为补血良药 [J]. 山东蚕业，2002，2：5.

[11] 彭振声 . 蚕砂固经汤治疗功能失调性子宫出血 80 例疗效观察 . 中国中医药信息杂志，2001（6）：66.

[12] 司利平，刘晶晶，等. 蚕沙叶绿素锌配合物对 DNA 的光断裂作用 [J]. 高等学校化学学报，2010（3）：442 ~ 446.

第九章　蚕茧和茧丝

第一节　蚕茧丝的成分

蚕茧通常指家蚕茧（桑蚕茧）。家蚕蛹期的囊形保护层（茧壳），内含蛹体（蚕蛹）。茧壳包括茧衣、茧层和蛹衬等部分。蚕茧有椭圆形、椭圆束腰形、球形或纺锤形等多种形状。有白、黄、淡绿、肉红、金黄等颜色的彩色茧，而生产上大多为普通的白色茧。

茧层蚕丝是一种天然的蛋白质纤维，主要由约70%丝素纤维和被覆在其周围起胶黏作用的约30%丝胶层组成。丝胶层中丝胶蛋白约占25%，其余约5%为非蛋白组分——色素、糖类、蜡质等物质。丝素纤维和丝胶蛋白分别是由家蚕的后部和中部丝腺体细胞分泌的，而非蛋白组分主要源自其食物——桑叶，因食桑时咀嚼及酶解等多种作用而被中肠消化与吸收，进入血液后经免疫修饰，最后到达丝腺体与丝胶蛋白混合。蚕吐丝营茧时，这种胶状物被覆在丝素纤维外面起到胶黏作用而使蚕茧更加牢固，以消除包括紫外辐射在内的恶劣环境的影响，从而有利于随后蛹—蛾的变态与发育。而丝胶层的非蛋白组分随蚕品种不同而有明显差异，如茧形小而茧层松软的大造蚕茧就高达10%。非蛋白组分中的蜡质主要能起到防止雨水溶化茧层而影响蛹发育；而色素主要指可见光色素和紫外光色素二大类，前者主要包括胡萝卜素、叶黄素、叶绿素等，主要出现在彩色蚕茧中，起到迷惑某些动物的视觉以防它们的侵袭。后者为黄酮类及其糖苷类色素，主要存在于大造等黄绿色蚕茧中，黄酮类及其糖苷类化合物大都是在紫外光下能发出荧光的物质，这类物质往往具有许多生物活性和药理作用，主要起到阻止其他动物食用的目的。蚕茧层特别是大造茧层中含有多种生物活性物质，如槲皮素及其葡萄糖苷有5种，C-脯氨酸槲皮素2种，山萘酚及其2种葡萄糖苷。目前，除上述的彩色茧以外还有新开发的能够判别蚕茧性别的荧光判性蚕茧，其日光下外观与普通白色蚕茧无异，在紫外光照射下雄性蚕茧会出现黄白色荧光，而雌性蚕茧出现蓝紫色荧光。

第二节　蚕茧、蚕丝的保健功能

蚕丝丝素是一种结晶性的高分子纤维蛋白，主要由18种氨基酸组成，其中，占近八成的氨基酸是由分子侧链较小的、非极性的、疏水性的甘氨酸、丙氨酸和丝氨酸以3∶2∶1的摩尔比组成。因此，丝素纤维具有优异的机械性能和吸湿性能（约10%）、放湿性能以及柔软、亮泽、滑爽等特性，一直被誉为纺织纤维的皇后。

而蚕丝丝胶蛋白也同样是由18种氨基酸组成，但其大多数氨基酸是由分子侧链较大的、极性的、亲水性的氨基酸等组成。因此，丝胶是一种水溶性的球状蛋白，在热水中特别是在碱性热水中易膨润和溶解。由于丝胶蛋白具有与甘油相仿的高吸湿性能，一直以来在化妆品中是常用的添加剂。在组成丝胶的这些氨基酸中有8种是人体必需氨基酸，这些氨基酸含量高达17%以上。研究表明，非必需氨基酸——丝氨酸和甘氨酸都是由神经胶质细胞产生的营养因子，在体外能促进小脑神经元生存、树突发生以及电生理发育。丝胶中L-丝氨酸占氨基酸总量33.3%，而甘氨酸也含16.05%，两者总量约占一半。多摄取丝胶及其水解物可以提高人的记忆力、防止脑老化、预防痴呆症等。研究还表明，丝胶及其丝胶水解产物具有抗氧化和抑制酪氨酸酶活性的作用，抑制紫外线辐射引起的皮肤角化细胞的凋亡，对皮炎、皮肤癌、肠癌生长都有抑制作用，能促进细胞增殖和有丝分裂，还能促进肠胃对矿物营养元素的消化与吸收以及抗便秘的作用；另外，在茧层中除分离多种黄酮醇及其糖苷类化合物外，还分离到多种蛋白酶抑制剂如丝氨酸蛋白酶抑制剂。分子量较小的丝胶蛋白（平均20~30千道尔顿）还能作为微生物或细胞培养的基质，或者替代细胞培养基质中血清或血清蛋白，从而免除动物蛋白源血清或白蛋白受病毒感染传播的顾虑或担心。所以，茧层丝胶蛋白及其小分子物质具有许多生物活性和药理作用，在生物药物（抗病毒、抗紫外线辐射、抗肿瘤、促消化、促细胞增殖）、医学组织工程材料（再生皮肤、再生组织等）以及生物培养基等方面广泛应用。

第三节　蚕茧、蚕丝产品及用法

1. 蚕茧药用原料

蚕茧作为药用原料特别是中药材原料在我国很早就有记载，《本草纲目》：蚕茧，方书多用，而诸家本草并不言及，诚缺文也。近世用治痈疽代针，用一枚即出一头，二枚即出二头。煮汤治消渴，古方甚称之。丹溪朱氏言此物能泻膀胱中相火，引清气上朝于口，故能止渴也。烧灰酒服，治痈肿无头，次日即破；又疗诸疳疮及下血、血淋、血崩。煮汁饮，止消渴，反胃，除蛔虫。内服：煎汤，1~3钱；或入散剂。外用：研末撒或调敷。具体有如下选方。

① 治肠风，大小便血，淋沥疼痛：茧黄、蚕蜕纸（并烧存

性）、晚蚕沙、白僵蚕（并炒）等分。为末，入麝香少许。每服二钱，用米饮送下，日三服（《圣惠方》茧黄散）。

② 治消渴：煮蚕茧汤，每服一盏（《朱氏集验医方》）。

③ 治小儿因痘疮余毒，肢体节骱上有疳蚀疮，脓水不绝：出蛾绵茧，不拘多少，用生白矾捶碎，实茧内，以炭火烧，矾汁干，取出为末。干贴疳疮口内。如肿作痛，更服活命饮（《小儿痘疹方论》绵茧散）。

④ 治反胃吐食：蚕茧十个。煮汁，烹鸡子三枚食之，以无灰酒下，日二服（《普济方》）。

⑤ 治口糜：蚕茧烧灰，调蜂蜜，抹口内（《泉州本草》）。

⑥治糖尿病：洁净蚕茧 7 个和大枣 50 克放在锅中，加入适量的水在火上煮熟即可；每日 1 剂，吃枣，喝汤；具有健脾益肾，养肝和胃，通经活络，理气降糖等功能；凡是脾胃虚寒、滑泄便溏者，不宜食用。

现代研究还表明，蚕茧有拟胆碱作用。先用石油醚、乙醚、氯仿处理过的蚕茧的 90% 乙醇提取物对麻醉猫的血压、离体豚鼠回肠及家兔十二指肠上均呈现胆碱能作用。炮制方法：将蚕茧剪开，去尽内部杂质，置罐内，焖煅食用煮液。

2. 蚕茧/丝化妆品

蚕茧的美容功效，最先被我们的古人发现并有所应用。唐代《千金要方》、宋代《太平圣惠方》、明代《本草纲目》等医籍中均有记载；在古代美容术中，是将蚕丝研成细末，调涂于面，令肌肤润泽而白净。在现代，最先受到关注的是蚕茧的丝素蛋白和丝胶蛋白的美容护肤产品。

（1）护肤茧浴

功效：蚕茧是最天然的材质，也有着与皮肤最接近的蛋白，且含有多种氨基酸。早在明代，李时珍在他的医学巨著《本草纲目》中就有记载，天然蚕丝可以使皮肤变美，消除黑黯斑，还能治疗化脓性皮肤病。

使用方法：入浴前取10颗蚕茧壳，置于40℃左右的温水中泡上5分钟左右。感觉天然蚕茧球已经充满了水分并变得柔软以后，就可以使用了。沐浴时也可将每个手指套上变软的蚕茧壳，在你在意的肌肤部位轻轻地进行按摩。用后把这些茧壳凉干，下次仍可使用，直至用到穿孔为止。

注意事项：天然蚕茧壳在放入温水里泡的时候会有一种特有的气味；蚕茧壳中难免有一些黑色异物，这是蚕蛹偶尔遗落下来的物质，无毒无害，请不要担心。皮肤状况或身体状况不好时，请停止使用。

（2）蚕茧扑粉

功效：利用天然蚕茧制成套在手指上使用的蚕茧扑粉，经温水湿润数分钟后与皮肤反复摩擦，将具有较强的抗氧化作用、抗紫外线辐射和美白作用的丝胶蛋白及其小分子活性物质（如黄酮苷类，彩色茧层中另含叶黄素和胡萝卜素等）残留在皮肤表面或渗透到脸部皮层，起到按摩和护肤美容的双重作用。

制作方法：与制种前的削口茧制作方法相似，普通制种时一端斜削是为了便于蚕蛹取出和操作方便。而蚕茧扑粉的制作是选取洁白干净无污斑的桑蚕茧，去除茧衣后用刀片在蚕茧一端约五分之一的地方横切，其切口大小以单个手指能进入为宜，取出茧内蚕蛹、蛹衬等。

使用方法：每天用毛巾温水洗脸后，双手十指套上切口蚕茧壳，浸入温水湿润茧壳片刻，然后十指紧贴面颊皮肤或其他部位皮肤，进行上下左右按摩5～10分钟。按摩过程中当茧壳水分挥发减少时，可重新浸入温水中湿润后再按摩。用过的蚕茧扑粉可放置在干净地方，自然凉干，第二天可继续按摩使用，直至茧壳磨穿不能用为止。

（3）蚕丝扑粉

功效：同上。

制作方法：选取洁白干净无污斑的桑蚕茧，去除茧衣后用刀片在一端横切或斜切，取出茧内蚕蛹、蛹衬等。而茧壳切成碎片后置于茧重数倍的纯净水中慢煮，待蚕茧丝纤维分散后，转移至直径为5厘米、厚为1厘米（φ50毫米×10毫米）的铸模中冷却，加入脱胶液轻轻压平，然后转移到80℃烘箱中烘干成型，这样就制成了圆饼形天然蚕丝扑粉，在日本市场上早就有这种蚕丝扑粉的商品销售。

使用方法：每天用温水洗脸后，将蚕丝扑粉浸入温水湿润片刻后取出，适当挤干水分，在用温水毛巾清洗后的皮肤表面进行上下左右按摩5～10分钟。按摩过程中，当茧壳水分挥发减少时，可重新浸入温水中湿润后再按摩，可重复本步骤1～2次。用过后的蚕丝扑粉可放置在洁净、干燥的地方自然凉干，留作下次继续按摩使用，直至蚕丝扑粉散架，一般情况下以反复使用6～7次。

（4）丝胶液体

功效：同上。

制作方法：将洁净的蚕茧壳用剪刀剪成数片，置于不锈钢锅中加入10～20倍量（W/V）的纯水，煮沸20～40分种，然后取出溶化的蚕丝纤维，而脱胶液用刚蒸煮过的多层纱布进行过滤，去除杂质后滤液—丝胶液（浓度控制在5%～10%）可以灌装于洁净棕色玻璃喷雾瓶中，置于4℃冰箱中长期存放。

使用方法：温水洗脸后，取出冰箱中丝胶液喷雾到皮肤或脸部。

注意事项：由于丝胶液体制备时所用器皿未灭菌，在4℃冰箱中长期保存可能会受微生物污染，发生霉变或腐败后就不能再使用。

3. 蚕丝绵被

蚕丝被又称丝绵被，按 2009 年 6 月 19 日颁布的国家标准（GB/T 24252—2009）是指含有 50% 以上桑蚕丝（柞蚕丝）用作填料的被褥类床上用品。按照填充料类型的不同，其中百分之百纯蚕丝制成的才能称“丝绵被”。而低于此标准，但高于 50% 的叫做“混合丝绵被”。按照制作加工方式的不同，可分为“手工”（手拉绵、手剥绵）和“机制”（机抽生丝绵片）两种。一般手工制作的丝绵大多是挑选双宫茧制作，同样蚕茧剥制的丝绵，质量好坏一般取决于制作工人的手艺。而机器制作的丝绵有双宫茧、单宫茧和次茧等不同品质的蚕茧制作，最好的仍然是双宫茧制作的丝绵。就蚕丝品质而言，桑蚕丝纤维韧长、手感好，柞蚕丝粗糙、纤维短且容易断。再加之桑蚕为人工在室内养殖，成本较高，柞蚕是野生或放养，成本较低，所以市场上桑蚕丝比柞蚕丝价格要高很多。2008 年市场数据显示，优质的桑蚕丝价格差不多是柞蚕丝价格的 2 倍。

（1）纯手工蚕丝被

“纯手工蚕丝被”是指民间运用世代传承的纯手工的方式，将蚕茧制作成丝绵兜，由 2 ~ 4 人位于四角，均匀发力拉制成丝绵片，形成轻如蚕翼的丝绵网，再将丝绵网层层堆叠，做成丝被的内胆。这种蚕丝被，平整贴身，将桑蚕丝的天然优势发挥到了极致，绿色健康、柔软舒适、有助睡眠。纯手工蚕丝被制作程序如下。

选茧：选择春蚕双宫茧，这种茧是指茧内有两粒或两粒以上蚕蛹的茧，不能缫丝，却是制作蚕丝被的佳品。

煮茧：把鲜茧放入特殊的容器中于水中或碱性溶液中煮，煮熟后再把它浸于清水之中，这是一个脱脂的过程，最后表层的部分或大部分丝胶脱落。

剥茧：用指甲剥开蚕茧然后掏出茧中的蚕蛹，并把蚕茧撑开扩松绷套在手上，待叠至5～6层的时候取下并轻轻拉成正方形的蚕丝小片，扩成袋形。把上面的蚕丝小片套在一个弓形的竹制工具上，就成了一个个湿的桑蚕丝绵兜。

精练：将上述的丝绵兜装入布袋中，放入精练筒内在碱性溶液中精练，脱去丝素纤维外面的全部丝胶蛋白，然后用净水反复冲洗。

晒绵：取上述湿的蚕丝绵兜用甩干机脱去水分，再用尼龙线串起来拿到太阳下晒或烘箱内，晒干或烘干后即成一只只“纯粹如玉”半圆形的丝绵兜。

拉伸：将一只只晒干的半圆形的丝绵兜，扯开一个缺口，拉成绵片，然后由四人面对面分别拉住绵片四端，一起发力将桑蚕丝绵拉开，铺到床板上，重复操作叠加，直至将所需的绵片全部拉完。

翻被：将这种拉扯好的柔嫩丝絮一层层地叠起来作被芯，再用全棉和真丝作被面或被套，把被芯套进被套的时候要先在内部的四周定好线固定，翻转过来之后被面上面也要适当定位以保证蚕丝被不会滑动变形。到这里纯手工蚕丝被算制作完成。

（2）机制蚕丝被

机制蚕丝被又称作机制丝绵被，是通过机器设备，将大量蚕茧碾、拉制成丝绵片，然后平铺整理至平整即可。“机制”是对“手工”极大的解放，省时省力，成本低廉。优质机制被确实也挺不错，与手工丝绵被没有什么两样。但目前出于纯商业利益的考虑，一些不法商家鱼目混珠，让消费者难以辨别。比较常见的作假手法：比如原料中大量使用病茧、烂茧和畸形茧，然后通过漂白，添加各类工业增白剂，或是直接使用柞蚕茧，甚至是木棉、化纤（聚酯纤维、黏胶等）等，生产假冒的桑蚕丝被，假冒手法千奇百怪，除非业内人士，一般很难区分。机制蚕丝被制作程序如下。

选茧：选择桑蚕双宫茧。

抽丝：蚕茧置于50～80℃碱性热水中进行机抽生丝绵片（抽丝滚筒周长一般210厘米），抽完后用小刀从滚筒表面的切口线处割断拉出，并将这种生丝绵片置于布袋中。

接着进行的精练、晒棉、拉伸和翻被工序与手工蚕丝被完全相同。

（3）蚕丝被保健功效

①蚕丝丝素是由18种氨基酸组成，这些氨基酸散发出的细微分子又叫"睡眠因子"，它可以使人的神经处于较安定的状况。盖上蚕丝被能改善睡眠，调理人体机能，减缓衰老。

②蚕丝纤维中含有最高的"丝容积空隙"，是热的不良导体，冬季不易把人的体温传导出去，保暖性很强；加之透气性好，天热时又能排除多余的热量，夏季倍感凉爽。

③因丝素纤维能吸收10%的水分，具有良好的吸湿能力，能吸汗和排湿，维持干爽，保持舒适，对风湿病者尤其有益。

参考文献

[1] Chlapanidas T, Faragò S, Lucconis G, et al. Sericins exhibit ROS-scavenging, anti-tyrosinase, anti-elastase, and in vitro immunomodulatory activities. Int. J. Biol. Macromol, 2013, 58: 47～56.

[2] Haorigetu S Z, Asaki M S, Ato N K. Consumption of Sericin Suppresses Colon Oxidative Stress and Aberrant Crypt Foci in 1 , 2-Dimethylhydrazine-Treated Rats by Colon Undigested Sericin. J. Nutr. Sci. Vitaminol. , 2007, 53: 297～300.

[3] Hirayama C, Kosegawa E, Tamura Y, et al. Analysis of flavonoids in the cocoon layer of the silkworm regional races by LC-MS. Sanshi-Konchu Biotech, 2009, 78 (1): 57～64.

[4] Hirayama C, Ono H, Tamura Y, et al. C-prolinylquercetins from the yellow cocoon shell of the silkworm , Bombyx mori. Phytochemistry, 2006, 67:

579 ~ 583.

[5] Hirayama C, Ono H, Tamura Y, et al. Regioselective formation of quercetin 5-O-glucoside from orally administered quercetin in the silkworm, Bombyx mori. Phytochemistry, 2008, 69 (5), 1 141 ~ 1 149.

[6] Kurioka A, Amazaki M Y. Purification and Identification of Flavonoids from the Yellow Green Cocoon Shell (Sasamayu) of the Silkworm, Bombyx mori. Biosci. Biotechnol. Biochem, 2002, 66 (6), 1 396 ~ 1 399.

[7] Kurioka A, Yamazaki M. Antioxidant in the cocoon of the silkworm, Bombyx mori. J. Insect Biotechnol. Sericol, 2002, 180: 177 ~ 180.

[8] Kurioka A, Yamazaki M, Hirano H. Primary structure and possible functions of a trypsin inhibitor of Bombyx mori. Eur. J. Biochem, 1999, 259: 120 ~ 126.

[9] Tamura Y, Nakajima K ichi, Nagayasu K ichi, et al. Flavonoid 5-glucosides from the cocoon shell of the silkworm , Bombyx mori. Phytochemistry, 2002, 59: 275 ~ 278.

[10] Wang H Y, Wang Y J, Zhou L X, et al. Isolation and bioactivities of a non-sericin component from cocoon shell silk sericin of the silkworm Bombyx mori. Food Funct, 2012, 3: 150 ~ 158.

[11] Waraporn K, Chompunut A, Waree T, et al. Sericin consumption suppresses development and progression of colon tumorigenesis in1, 2-dimethylhydrazine-treated rats. Biologia , 2012, 67 (5): 1 007 ~ 1 012.

[12] Zhang Y Q. Applications of natural silk protein sericin in biomaterials. Biotechnol. Adv, 2002, 20: 91 ~ 100.

[13] Zhaorigetu S, Yanaka N, Sasaki M, et al. Inhibitory effects of silk protein , sericin on UVB-induced acute damage and tumor promotion by reducing oxidative stress in the skin of hairless mouse. J. Photochem. Photobiol. B, 2003, 71: 11 ~ 17.

[14] Zhaorigetu S, Yanaka N, Sasaki M, et al. Silk protein , sericin , suppresses DMBA-TPA-induced mouse skin tumorigenesis by reducing oxidative stress , inflammatory responses and endogenous tumor promoter TNF- . On-

col. Rep, 2003, 10: 537 ~ 543.

[15] 虞晓华, 郑小坚, 李玉英, 等. 家蚕荧光茧色与解舒关系的研究. 丝绸, 1996 (6): 15 ~ 18.

[16] 张雨青, 王元净, 刘先明, 等. 一种护肤用蚕丝扑粉的制备及使用方法. 中国专利, 2010, CN101780024A 2010-7-21.

[17] 张雨青, 虞晓华, 沈卫德, 等. 家蚕荧光茧色的判性机理. 中国科学, 2009, 39 (4): 372 ~ 383.

第十章　柞　蚕

柞蚕在分类学上属于节肢动物门、昆虫纲、鳞翅目、天蚕蛾科、柞蚕属，学名 *Antheraea Pernyi* Guerin-Meneville。柞蚕同其他鳞翅目昆虫一样，是完全变态昆虫，其个体发育过程要经历卵、幼虫、蛹和成虫（蛾）四个形态和生理上完全不同的发育阶段。

我国是世界柞蚕业第一大国，产茧量占世界总量的90%，年产柞蚕茧8万吨左右，目前主要分布在辽、吉、黑、内蒙古、豫、鲁、冀、晋、鄂、川、黔等省（自治区）。

柞蚕业作为一项传统产业，“养蚕—收茧—缫丝—织绸”的模式，已延续了数千年。近年来，随着科学技术的进步及柞蚕业的不断发展，柞蚕资源的综合利用也得到了迅速的发展，养蚕不仅限于缫丝织绸，而且在食品、保健、医药、日化及农业等方面也得到了广泛的应用。

第一节　柞蚕蛹的主要成分

柞蚕蛹期是幼虫向成虫转变的过渡阶段，二化性柞蚕的秋蚕和一化性柞蚕要以“蛹态”度过漫长的冬季，为了种族的延续和自身生存的需要，蛹体内积累了丰富的营养。研究表明，柞蚕蛹含有丰富的蛋白质、脂肪、碳水化合物、矿物质元素、维生素等营养成分。

1. 柞蚕蛹营养成分常规分析结果

柞蚕蛹的粗蛋白、粗脂肪、粗纤维、钙、磷等营养成分含量详见表10－1。

表 10－1　柞蚕蛹常规分析结果　（单位:%）

成分	水分	粗蛋白	粗脂肪	粗纤维	盐分	Ca	P	粗灰分	其他
鲜柞蛹	74.95	13.780	6.671	0.994	0.075	0.019	0.173	1.010	2.328
缫丝蛹	72.90	15.482	7.751	1.412	0.049	0.022	0.159	1.011	1.214

2. 柞蚕蛹矿物质元素

据化验分析可知，柞蚕蛹体内含有钾、钠、镁、铁、铜、锰、锌、硒等矿物质元素，详见表 10－2。

表 10－2　柞蚕蛹矿质元素含量

元素	K (%)	Na (%)	Mg (%)	Fe (%)	Cu (mg/kg)	Mn (mg/kg)	Zn (mg/kg)	Se (mg/kg)
鲜柞蛹	1.336	0.062	0.380	0.010	19.01	8.73	141.81	0.07
缫丝蛹	1.138	0.033	0.341	0.017	17.07	9.10	150.01	0.15

3. 柞蚕蛹维生素

分析测试表明，柞蚕蛹体内含有维生素 B_1、维生素 B_2、维生素 A、维生素 E 和胡萝卜素等，不含有维生素 C，详见表 10－3。

表 10－3　柞蚕蛹维生素含量　（单位：mg/kg）

维生素	维生素 B_1	维生素 B_2	维生素 C	维生素 E	胡萝卜素	维生素 A（IU/g）
鲜柞蛹	1.05	63.92	0	53.42	3.28	7.5
缫丝蛹	0.40	62.75	0	33.45	7.12	15.6

注：维生素 A 单位（IU/g）为国际单位，I 国际单位＝0.3μg

4. 柞蚕蛹氨基酸种类及含量

通过对柞蚕蛹氨基酸种类及含量分析可知，柞蚕蛹含有 18 种氨基酸，其中，8 种人体必需氨基酸含量丰富，组分合理。详见表 10－4。

表 10－4　柞蚕蛹氨基酸含量分析结果　（单位:mg/100mg）

项　目	鲜柞蛹	缫丝蛹	项　目	鲜柞蛹	缫丝蛹
天门冬氨酸	4.76	4.79	亮氨酸*	3.30	3.36
苏氨酸*	2.43	2.38	酪氨酸	3.50	3.60

续表

项　目	鲜柞蛹	缫丝蛹	项　目	鲜柞蛹	缫丝蛹
丝氨酸	2.36	2.35	苯丙氨酸*	2.66	2.73
谷氨酸	5.30	5.30	赖氨酸*	3.41	3.35
甘氨酸	2.03	2.08	氨	0.76	0.92
丙氨酸	3.11	2.85	组氨酸*	1.45	1.37
胱氨酸	0.63	0.62	精氨酸	2.57	2.47
缬氨酸*	2.78	2.88	色氨酸*	0.39	0.27
蛋氨酸*	0.90	0.92	脯氨酸	2.91	2.79
异亮氨酸*	3.06	3.41	总　和	48.31	48.44

注：* 为人体必需氨基酸

第二节　柞蚕蛹的营养评价

1. 柞蚕蛹三大营养含量丰富

通过对柞蚕蛹、鸡蛋、猪瘦肉的三大营养——蛋白质、脂肪和碳水化合物对比分析可知，柞蚕蛹的蛋白质含量分别比鸡蛋、猪瘦肉高 0.18 个和 2.98 个百分点；柞蚕蛹脂肪含量分别比鸡蛋、猪瘦肉低 3.82 个和 7.52 个百分点，详见表 10－5。因此，和鸡蛋、猪瘦肉相比，柞蚕蛹属于高蛋白低脂肪的昆虫食品。

表 10－5　柞蚕蛹与肉蛋营养成分比较　（单位：%）

成　分	蛋白质	脂肪	碳水化合物
柞蚕蛹	12.98	7.78	1.94
鸡　蛋	12.80	11.60	1.00
猪瘦肉	10.00	15.30	2.40108

2. 柞蚕蛹维生素含量丰富

维生素是生物生长和代谢所必需的微量有机物。大多数维生素，生物自身不能产生，而需要从外界摄取。缺少维生素会影响生物正常的生命活动，使生物不能正常生长，甚至发生疾病。

据推算，每日进食3个柞蚕鲜蛹，即可满足成人每日对维生素 B_2 的需要；进食30个鲜蛹，即可满足成人每日对维生素E的需要量。

分析测试表明，柞蚕蛹的维生素 B_2、维生素A、维生素E等含量非常丰富，详见表10－6。

表10－6　柞蚕蛹与几种肉蛋食品维生素含量比较

（单位：mg/kg）

样品	维生素 B_1	维生素 B_2	维生素C	维生素E	胡萝卜素	维生素A（IU/g）
柞蚕蛹	1.05	63.92	0	53.42	3.28	7.50
鸡　蛋	1.60	3.10	0	—	—	14.40
猪　肉	5.30	1.20	0	—	—	—
牛　肉	0.70	1.50	—	—	0	—
羊　肉	0.70	1.30	0	—	0	—
牛　乳	0.40	1.30	—	—	—	1.40
鱼　粉	0.10	44.00	—	5.60	—	—

注：维生素A单位（IU/g）为国际单位，I国际单位＝0.3μg

从表10－6中可以看出，柞蚕蛹中的维生素 B_2 和维生素E明显高于其他几种肉蛋食品，也明显地高出几种主要粮食作物和蔬菜含量，为其几倍或几十倍，详见表10－7，柞蚕蛹是一种非常重要的维生素营养资源，具有很大的开发前景。

表10－7　柞蚕蛹维生素含量与几种粮食、蔬菜含量比较

（单位：mg/kg）

样品	维生素 B_1	维生素 B_2	维生素C	维生素E	胡萝卜素	维生素A（IU/g）
柞蚕蛹	1.05	63.92	0	53.42	3.28	7.5
小麦粉	2.40	0.50	0	—	0	—
稻　米	1.50	0.50	0	—	0	—
玉米面	3.10	1.00	0	—	1.30	—
大白菜	0.20	0.40	190	—	0.40	—
马铃薯	1.00	0.30	160	—	0.10	—
绿豆芽	0.70	0.60	60	—	0.40	—

3. 柞蚕蛹矿质元素含量丰富

存在于人体的矿质元素（无机盐），含量较多的如钙、镁、钾、钠、磷等称宏量元素；含量较少的如铁、铜、锌、锰等称为微量元素。这些矿质元素，在柞蚕蛹体内都有相当丰富的含量。

根据鲜柞蚕蛹的铁含量（0.01%）计算，每天吃10个柞蚕蛹即可满足成人对铁的日需要量，而且动物性食物中的铁更易被吸收；一般认为，成人每日镁的适宜供给量为200～300毫克，相当于6个柞蚕蛹的镁含量；成人每日锌需要量约为2.2毫克，如按混合膳食中锌平均吸收率20%估计，则成年人每日锌供给量应为11毫克。柞蚕鲜蛹中锌含量为141.81毫克/千克，是牛肉、猪肉和羊肉（20～60毫克/千克）的3～4倍，是鱼类（包括其他一些海产品）的8～9倍，是豆类和小麦锌含量的7～8倍，10个柞蚕蛹的锌含量已超过成年人每日锌供给量标准；成年人铜每日应供给量2～3毫克，相当于15个柞蚕蛹的铜含量。

硒是一种生理必需微量元素，不能由其他具有类似功能的营养素（如维生素E）来代替。动物试验表明，大鼠缺硒，则表现为生长和毛发的发育障碍、眼部病变、生殖障碍和精子形成异常。灵长类缺硒，可引起体重下降，毛发稀少，甚至死亡。柞蚕蛹中硒含量为0.07毫克/千克，接近海产品、动物肾、肉、大米等硒含量，超过蔬菜和水果（0.01毫克/千克以下）。

综上所述，柞蚕蛹可以作为一种补充矿质元素的功能性食品。

4. 柞蚕蛹蛋白营养评价

（1）柞蚕蛹蛋白属优质蛋白

根据何德硕等（1993）的研究，经28天的大白鼠喂饲试验，喂饲柞蚕蛹粉组大白鼠体重平均每只增重105.9克±21.4克，虽显著低于参比酪蛋白组（优质蛋白，128.1克±22.45克），但极显著高于对照大豆粉组（69.8克±17克）。

（2）柞蚕蛹蛋白饲料利用率高

就饲料利用率来看，柞蚕蛹粉组的饲料效率远远高于对照蛋白大豆粉组。柞蚕蛹粉的功能比值为2.81，明显高于对照大豆粉组（2.27），接近参比酪蛋白组（3.42），详见表10－8。因此，可以认为，柞蚕蛹蛋白属优质动物蛋白。

表10－8　饲料利用率比较

组别	试验动物数（只）	增加体重（g/只）	总食量（g）	增加体重（kg/100 g饲料）	食下蛋白（g）	功效比值	蛋白效率相对值（%）
酪蛋白组	10	128.1±23.45	427.5	29.96	37.41	3.42	100
柞蚕蛹粉组	10	105.9±21.04	430.3	24.62	37.64	2.81	82.16
大豆粉组	10	69.8±17	319.3	21.88	30.72	2.27	66.37

注：功效比值＝$\frac{\text{动物体重增加克数}}{\text{摄入食物蛋白质克数}}$

试验表明，柞蚕蛹蛋白的生物价（78.87）、纯消化率（88.03%）、净利用率等项指标，均显著高于对照大豆蛋白而接近被称之为优质蛋白的参比蛋白——酪蛋白，详见表10－9。

表10－9　柞蚕蛹代谢试验结果

样品	摄入氨（g）	粪氨（g）	尿素（g）	生物价（BV）	蛋白质纯消化率（%）	蛋白质净利用率（%）	蛋白质净比值
酪蛋白组	1.1844	0.1207	0.2593	79.56	92.81	72.16	4.62
柞蚕蛹粉组	1.0962	0.1726	0.2318	78.87	88.03	69.42	4.08
大豆粉组	1.0620	0.2463	0.2296	77.33	80.75	62.44	3.80

注：（1）每组受试验大白鼠10只，表中数据为10只平均数。（2）代试大白鼠25～28d的试验结果

（3）柞蚕蛹蛋白氨基酸组分合理

化验分析表明，柞蚕蛹蛋白的第一限制氨基酸为色氨酸，根据FAO/WHO（1973）标准计算出氨基酸得分为73。根据生长期白鼠标准1.3克/100克，计算得出化学价为56。柞蚕蛹蛋白质中

富含植物蛋白质中缺少的赖氨酸和苏氨酸，所以，柞蚕蛹蛋白与植物蛋白混合使用或在柞蚕蛹蛋白单独使用时，添加适量色氨酸能大大提高整个蛋白质的质量。

通过对受试动物大白鼠血液生化指标测定发现，柞蚕蛹蛋白对大白鼠红细胞、压积、容积、白细胞、血色素、球蛋白等项指标，优于参比酪蛋白组，更优于对照大豆粉组，说明柞蚕蛹蛋白中白蛋白和球蛋白含量较高，很容易被消化吸收进入血液。

从柞蚕蛹蛋白的生物价、功效比值、氨基酸得分及化合价等项指标来评价，柞蚕蛹蛋白确属优质动物蛋白。

第三节　柞蚕蛹的食用方法

我国人民自古以来就有食用柞蚕蛹的习惯，民间通过煎、炒、烹、炸、熘等烹调技术手段加工后直接食用。南至贵州，北至黑龙江，逐渐由蚕区向全国各地传播，使得柞蚕蛹已成为当今人们喜爱的美味菜肴之一。

当然，由于民族习俗和口味的不同，蚕蛹菜肴的烹调技法差别甚大，由此形成了各种风格，构成了中国食文化中一个颇具特色的方面。至今，有文字资料和民间通用的菜谱近百个。在此选择风格口味具有不同代表性的菜谱 12 个介绍如下。

1. 水晶蚕蛹拼五香牛肉

（1）原料

主料：鲜柞蚕蛹 300 克。

辅料：熟猪肉皮 150 克、五香酱牛肉 250 克。

调料：精盐 1.5 克，味素 0.5 克，葱、姜各 1 克。

（2）做法

①鲜柞蚕蛹洗净煮 5 分钟，捞出晾凉剥去蛹皮，放碗里加盐 0.5 克、味素 0.25 克拌匀，散放在小方盘里。

②熟肉皮（无毛）用热水煮一下，趁热切成细丝，放在大汤碗里，加入葱、姜、清水，上屉蒸化取出用盐、味素调口。用纱布过滤得胶汁，慢慢倒入装有蚕蛹的小方盘里，晾凉后结实时再改刀。

③取30厘米圆盘一个，将五香酱牛肉切成3厘米长、2厘米宽、0.5厘米厚的片，在盘里的四周码成圆形。用模具切出每个水晶蚕蛹，艺术地堆放在盘的中间即可。

（3）特点

色彩鲜明，口味鲜美。

2. 卤蚕蛹

（1）原料

主料：鲜柞蚕蛹400克。

调料：精盐2克，花椒1.5克，味素1克，葱、姜各1克。

（2）做法

①炒勺放清水烧开，放盐、花椒、葱、姜、味素，然后倒在盆里，做成卤汁。

②将蚕蛹洗净后用清水煮熟，捞出倒在卤汁里，4小时后即可装盘上桌。

（3）特点

风味浓厚，清鲜醇香。

3. 炸鸳鸯蚕蛹

（1）原料

主料：鲜柞蚕蛹30%。

辅料：蛋黄1个。

调料：麻辣盐1克，味素、精盐1克，豆油1千克，面粉适量。

（2）做法

①蚕蛹用水洗一下，水煮20分钟，将其中一半冷冻后剥去

蛹皮。

②将两样蚕蛹分别用精盐、味素腌一下，去皮的蚕蛹蘸上面粉待用；鸡蛋黄打在碗里，兑成蛋黄糊，锅内放大油量，烧六成热，先将去皮的蚕蛹蘸上蛋黄糊下油锅里炸一下捞出，再将未去皮的蚕蛹放油锅里炸酥，分别码在盘的两边，带麻辣盐上桌。

（3）特点

黑白相映，酥软味香。

4. 清烹蚕蛹

（1）原料

主料：鲜柞蚕蛹 400 克。

辅料：香菜 1.5 克。

调料：酱油 40 克，白糖 50 克，醋 30 克，料酒 0.5 克，葱、姜各 1 克，蒜 1.5 克。

（2）做法

①将蚕蛹煮熟去皮，保持原形，逐个滚严面粉。香菜洗净，切 3 厘米段，葱、姜切丝，蒜切片。

②用酱油、糖、醋、料酒，少许汤兑成汁水。

③炒勺盛豆油 1 千克，烧七成热，将沾严面粉的蚕蛹下锅炸一下捞出。待油温升至八成热时，再炸一遍，呈深黄色时倒在漏勺里。

④炒勺带底油烧热，用葱、姜、蒜炸锅，随即倒入炸好的蚕蛹，烹上兑好的汁水，撒入香菜，即刻出勺放在盘子里即成。

（3）特点

色泽金黄，甜酸咸鲜。

5. 红烧三鲜蚕蛹

（1）原料

主料：鲜柞蚕蛹 350 克。

辅料：油菜 15 克，水发海参 150 克，冬笋 15 克。

调料：酱油 50 克，花椒水 0.5 克，绍酒 1 克，白糖 10 克，油 100 克，香油、葱、姜、味素各 1 克。

（2）做法

①蚕蛹煮熟去皮，一切两瓣，用滚开水焯一下；海参与冬笋切坡刀片，也用滚开水焯一下，葱切丁、姜切末、油菜切小坡刀片。

②炒勺盛中油量，在火上烧七成热，下入控净水的蚕蛹滑一下，倒在漏勺里。

③炒勺盛油，五成热时下入海参、冬笋、油菜、葱、姜一起翻炒，放酱油、花椒水、白糖、绍酒、少许鸡汤煨一会，然后倒入滑好的蚕蛹烧一会，调口后放入味素，用湿淀粉勾明亮薄芡，包严主辅料带香油出勺即成。

（3）特点

色泽红润，明油亮黄，蚕蛹软嫩，三鲜可口。

6. 雪衣蚕蛹

（1）原料

主料：鲜柞蚕蛹 300 克，蛋清 6 个。

辅料：洋粉（琼脂粉）5 克。

调料：白糖 100 克，干淀粉 125 克，面粉少许，油 75 克。

（2）做法

①蚕蛹煮熟去皮，剁成细泥，洋粉放碗里加水 75 克蒸化，温热时与蚕蛹、淀粉、白糖和在一起。

②炒勺擦干净带少许猪油在火上烧五成热，把和好的蚕蛹倒勺内炒一下出在盘内，晾凉后搓成 12 个 15 克重的丸子，滚严面粉待用。

③把蛋清放大汤盘里，用筷子抽打成蛋泡，并兑入淀粉、面粉成蛋泡糊。

④炒勺盛大油量猪油烧三成热时，用筷子挟蚕蛹丸子蘸严蛋泡糊下油里，炸成浅黄色捞出，码在盘里撒上白糖即可。

（3）特点

形圆色白，酥软可口。

7. 芙蓉蚕蛹

（1）原料

主料：鲜柞蚕蛹250克，鸡蛋3个。

辅料：油菜、冬笋各10克，胡萝卜5克。

调料：精盐2.5克，料酒0.5克，味素0.5克，湿淀粉5克，鸡汤100克，葱、姜各1克，鸡油25克。

（2）做法

①蚕蛹煮熟去皮，顺长一切两半。油菜、冬笋、胡萝卜切坡刀片，用开水焯一下（包括蚕蛹厚片），葱、姜切块。

②鸡蛋打在汤盘中，加盐、味素、鸡汤搅匀，上屉用中气蒸5～6分钟，成糕状后取出。

③炒勺擦净带底油烧热，下葱姜炸锅，添入鸡汤，盐、料酒烧开后，撇净浮沫，下入蚕蛹及辅料，调好口再放入味素，开锅后用湿淀粉勾薄芡，放入鸡油，铺满在蒸好的蛋糕上即成。

（3）特点

色泽美观，软嫩适口。

8. 麻辣蚕蛹

（1）原料

主料：鲜柞蚕蛹400克。

辅料：熟花生仁25克，干红辣椒15克，玉兰片5克，蛋黄1个。

调料：豆瓣酱10克，酱油20克，糖1克，醋0.5克，味素0.5克，花椒水0.5克，料酒1克，葱、姜各1克，湿淀粉100克，香油0.5克，面粉10克。

（2）做法

①蚕蛹煮熟去皮，保持蚕蛹原形，沾严面粉。用蛋黄和湿淀

粉在碗中兑成干稀适当的蛋黄糊，葱、姜分别切丁和末，干辣椒切小方丁。

②用酱油、花椒水、糖醋、味素、料酒、湿淀粉、汤兑成汁水。

③炒勺盛豆油1千克，在火上烧七成热，将沾严面粉的蚕蛹逐个裹满蛋黄糊，炸成金黄色，倒入漏勺里。

④炒勺带底油在火上烧热，用葱、姜、干辣椒丁炸锅，下豆瓣酱、配料，煸炒，倒入炸好的蚕蛹和兑好的汁水，翻勺使汁熟黄亮，挂严蚕蛹，滴入香油出勺即成。

（3）特点

外酥里嫩，麻辣咸香。

9. 拔丝蚕蛹

（1）原料

主料：鲜柞蚕蛹400克，鸡蛋1个。

辅料：青红丝5克。

调料：白糖125克，淀粉100克，面粉少许。

（2）做法

①蚕蛹煮熟去皮，保持蚕蛹原形。逐个沾上面粉备用。鸡蛋打在碗里，加淀粉、面粉搅成干稀适当的蛋黄糊。

②炒勺盛豆油1千克，烧七成热，将沾上面粉的蚕蛹裹满蛋黄糊，炸成金黄色，倒在漏勺里。

③炒勺擦净加少许水，放入白糖化开，热至能拔出丝时，倒入炸好的蚕蛹使其挂严，裹满糖汁，拔出晶亮的糖丝来，倒在盘里即成。

（3）特点

外酥里嫩，脆甜可口。

10. 锅塌蚕蛹

（1）原料

主料：鲜柞蚕蛹500克。

辅料：鸡蛋两个。

调料：豆油 150 克，精盐 1.5 克，酱油 25 克，淀粉 15 克，花椒水 15 克，姜、蒜、味素各 1 克。

（2）做法

①蚕蛹洗净，撕破外皮，挤出内容物，加鸡蛋、精盐、味素、花椒水搅匀。

②勺内放油少许，烧热放入蛹蛋汁两面煎至金黄，整个出勺。

③勺内放油少许，烧热用姜、蒜炝锅，放入煎好的蛋蛹，添汤放入花椒水，烧到汤快没时，加入味素，用淀粉勾芡即成。

（3）特点

金黄细嫩，妇幼皆宜。

11. 五香蚕蛹

（1）原料

主料：鲜柞蚕蛹 300 克。

调料：五香粉 5 克，酱油 50 克，精盐 2.5 克。

（2）做法

①蚕蛹洗净。

②锅内放水 0.5 千克，加入蚕蛹和各种调料大火煮沸 5 分钟后，以文火烧干装盘即成。

（3）特点

五味俱全，凉热均宜。

12. 清蒸蚕蛹丸子

（1）原料

主料：鲜柞蚕蛹 400 克。

辅料：水发海米，笋类各 50 克，鸡蛋 1 个，香菜 10 克。

调料：精盐 2 克，花椒水 0.5 克，鸡汤 1 千克，胡椒粉 1.5

克，香油0.5克，葱、姜、醋、味素各1克，湿淀粉适量。

（2）做法

①蚕蛹煮熟剥去外皮，剁成碎泥，海米笋类切碎末，葱、姜切片，香菜切段。

②将蚕蛹泥放碗里，放入海米、笋类碎末，鸡蛋、精盐、绍酒、味素、湿淀粉和匀，做成直径4厘米的丸子摆盘里，上屉蒸3~5分钟取出，码在大号汤碗里，撒上葱、姜丝、香菜段。

③汤勺刷净盛些汤在火上烧开，放盐、绍酒、醋、味素，撇出浮沫，滴入香油，趁汤开时浇在盛丸子的汤碗里，撒上胡椒粉即成。

（3）特点

色泽鲜艳，汤味麻辣。

第四节　柞蚕蛹营养食品

1. 柞蚕蛹罐头

柞蚕蛹作为高蛋白优质昆虫营养食品直接应用，常受到季节和地域的限制。柞蚕蛹罐头的问世，使柞蚕蛹食用更加方便，增加了风味，突破了季节和地域的限制，增加了柜台时间。

（1）柞蚕蛹罐头生产工艺流程

原料验收→预煮→冷却→称重→装罐→消毒→加香汤→排气→密封→杀菌→冷却→保温→验质→包装入库。

（2）操作方法

①选料：做罐头的柞蚕蛹要用好蛹，特别是采用缫丝后的蛹要逐个挑选，选择色泽鲜艳、蛹皮不烂的蛹，用流水冲洗干净。

②预煮冷却：根据蚕蛹数量多少，用柠檬酸液浸没蚕蛹，然后将配成的柠檬酸水烧开，把柞蚕蛹倒入，煮沸10~15分钟，捞出置于清水中冲洗，自然冷却。

③罐头瓶消毒：用高锰酸钾水溶液洗刷消毒后，再清洗一次。

④称重装瓶：将预煮冷却后控净水的蚕蛹，称取 250 克装入消过毒的罐头瓶内。

⑤加香汤：用食盐、茴香等多种天然香料配煮成香汤，然后用香汤把罐头瓶加满。

⑥排气密封：把加过香汤的罐头瓶加上盖放在排气箱内排气，使罐中心温度达到 90℃以上，立即逐个取出用封口机封口。封口要严密，不漏气。

⑦杀菌：把密封的罐头瓶放入高压锅内，用 131℃高压灭菌 30 分钟。

⑧冷却：把经过杀菌的罐头瓶取出用流水冷却至 40℃左右。

⑨保温验质：把冷却后的罐头瓶及时擦干净，然后放入恒温室内保温 5 ~7 昼夜，然后取出用感官鉴定技术检验质量，剔除漏气、混浊等不合格次品。

⑩包装入库：经检验合格的罐头即可加商标、装箱、入库。

用以上工艺生产的“五香柞蚕蛹罐头”，清香可口，保鲜期长，既可直接食用，也可与其他佐料相配，再经过烹饪加工，做成风味独特的高级菜肴。

2. 柞蚕蛹营养糕点

随着社会的发展进步和生产水平的不断提高，人们越来越认识到，高蛋白营养食品对于人类生存发展的重要性。最近 15 年，北方蚕区就通过蚕蛹深加工制成各种风味的糕点食品。

（1）蚕宝九花糕

①原料：面粉 57 克，白糖 12 克，油 20 克，青红丝 2 克，瓜条 3 克，桃仁 3 克，山楂糕 4 克，柞蚕蛹蛋白粉 5 克。

- 皮料：面粉 20 克，油 3 克，水 8. 5 克。
- 酥料：面粉 2. 5 克，油 12. 5 克。
- 馅料：熟面 12 克，油 4. 5 克，白糖 12 克，青红丝 2 克，瓜条 3 克，桃仁 3 克，山楂糕 4 克，柞蚕蛹蛋白粉 5 克。

②制作方法

• 制皮：先将油和水倒入和面机内，开机搅拌，使油水充分乳化后，投入面粉，继续搅拌，和成软硬适度的筋性面团。

• 制酥：将面粉和油充分混合即可。

• 制馅：将多种馅料倒入和面机内充分搅拌均匀即可。

• 制坯：将皮、酥面按比例包好，擀成片，折叠 3 层再擀成薄皮，再折叠三层再擀成薄皮，卷成长条，用于掐剂包馅，每 500 克 18 个饼坯，将一张饼做底，在其上面刷水湿润，在饼边缘摆一圈切好的瓜条、山楂糕等，再以另一张饼坯做盖，覆在上面，表面印一红点，翻个摆在烤盘内。

• 烘烤：以慢火烤成黄色，翻个继续烤至底面黄棕色，熟透出炉，冷却后即成。

③质量要求

• 形态：适型圆正，规格整齐一致，不塌坑、不包馅、不脱皮、不掉底、表面美观。

• 色泽：表面棕黄色，底面黄棕色，不生不糊。

• 内部组织：起发酥松、层次分明、皮馅均匀、不混酥，无面结。

• 口味：酥香味美，具有柞蚕蛹特有的风味，无异味。

（2）蚕宝三角火烧

①原料：面粉 60 克，白糖 14 克，豆油 10 克，猪油 12 克，花椒面 0.1 克，精盐 0.8 克，葱 4 克，起子 0.2 克，芝麻 4 克，柞蚕蛹蛋白粉 5 克，水 10 克。

• 皮粉：面粉 20 克，豆油 4 克，白糖 1 克，水 10 克。

• 酥料：面粉 22 克，猪油 12 克，起子 0.1 克。

• 馅料：熟面 16 克，白糖 13 克，豆油 6 克，花椒面 0.1 克，柞蚕蛹蛋白粉 5 克，精盐 0.8 克，葱 4 克，芝麻 4 克。

②制作方法

● 制皮、制酥、制馅与九花糕同。

● 制坯：将皮包酥、擀片卷条，用于掐剂包馅按成圆饼。再用擀面杖擀成直径 8 厘米的圆饼，对折两次成三角扇形，摆入烤盘。

● 烘烤：入炉用底火烤成金黄色，翻过来再烤另一面，两面火色一致时，立起烤熟为止。

③质量要求：每千克 24 ~48 个，表面棕红色，有葱香味和柞蚕蛹特有香味，感官指标与九花糕基本相同。

（3）蚕宝春秋酥

①原料：面粉 54 克，白糖 14 克，猪油 16 克，豆油 6 克，起子 0. 1 克，青梅 2 克，桃仁 2 克，瓜条 2 克，果脯 2 克，柞蚕蛹蛋白粉 5 克，水 9 克。

● 皮料：面粉 18 克，白糖 1 克，猪油 4 克，水 9 克。

● 酥料：面粉 22 克，猪油 12 克，豆油 1. 5 克，起子 0. 1 克。

● 馅料：熟面 14 克，白糖 13 克，豆油 6 克，青梅 2 克，桃仁 2 克，瓜条 2 克，果脯 2 克，柞蚕蛹蛋白粉 5 克。

②制作方法

● 制皮、制酥、制馅与蚕宝三角火烧同。

● 制坯：将皮擀好包酥，再擀开叠 3 层擀成 0. 5 厘米厚的薄片，表面刷水，卷成直径约 4 厘米的长条，用刀切成 1 厘米厚的片，用手按成饼，然后包馅，再按成饼状，摆在烤盘内。

● 烘烤：以小火烘烤成乳白色，熟透出炉，冷却即成。

③质量要求：感官指标与上述品种相同。

（4）蚕宝椒盐饼

①原料：面粉 40 克，白糖 14 克，猪油 23 克，芝麻 13 克，精盐 0. 4 克，花椒粉 0. 05 克，起子 0. 1 克，水 10 克，柞蚕蛹蛋白粉 5 克。

• 酥料：面粉 20 克，猪油 10 克，起子 0.1 克。

• 馅料：熟面 10 克，芝麻 10 克，白糖 14 克，猪油 10 克，盐 0.4 克，花椒粉 0.05 克，柞蚕蛹蛋白粉 5 克。此外，挂面芝麻仁 3 克。

②制作方法

• 制皮、制酥、制馅与三角火烧同。

• 制坯：将皮面包酥，擀片、卷条、掐剂包馅，按成圆饼，表面刷水，沾上芝麻仁，面向下摆入烤盘内。

• 烘烤：炝脸烤制，熟透出炉。

③质量要求：感官指标与上述品种同。

（5）柞蚕蛹小列克面包

①原料：精粉 100 克，白糖 16 克，鸡蛋 4 克，豆油 3 克，精盐 0.5 克，酒花酵母 8 克，黄浆子 0.8 克，柞蚕蛹 15 克，温水 40 克。

②制法

• 一次发酵：将精粉 15 克，酒花酵母 8 克，温水 0.2 克和好，发酵 6 小时。

• 二次发酵：取精粉 2 克与一次发酵好的面团，加温水和好，再发酵 3 ~4 小时。

• 三次发酵：将剩余精粉 65 克，白糖 16 克，柞蚕蛹匀浆 15 克，豆油 3 克，精盐 0.5 克，温水 28 克，都放入发酵好的面团里和好，再醒酵 4 小时。

• 将面团下成每个重 16 克的剂子，搓成圆形，摆入烤盘，入醒箱醒 3 小时取出。将鸡蛋 0.4 克调成蛋水刷在面包坯上面，中间划一个口，挤上黄浆子，烤 20 分钟即成。

③质量要求：圆形、色泽金黄、暄软清香。

（6）柞蚕蛹饼干

据北京婴幼儿食品营养研究开发中心蒋月英等报道，利用柞蚕蛹蛋白、奶粉、鸡蛋、蜂蜜、芝麻等制成幼儿高蛋白饼干。这种饼干中增加了优质昆虫蛋白的比重（占10.73%），食后可补充婴幼儿期对优质动物蛋白的需求。经空军幼儿园全托制小班3岁左右小儿喂养试验表明，柞蚕蛹高蛋白饼干对增加幼儿体重及血红蛋白有促进作用，说明柞蚕蛹蛋白为优质蛋白，8种必需氨基酸含量丰富并且均衡，尤其是各类的限制氨基酸，如赖氨酸和蛋氨酸含量可观，较其他动物蛋白为优。将其以适当比例添加到饼干配方中，能使氨基酸互补，提高蛋白质功效。

（7）蚕宝酥糖

①制作方法：将柞蚕蛹蛋白粉按1∶3比例与酥糖馅混炒，备用。

②工艺流程：熬糖→冷却→包馅→拔果→成型→选糖→包装→成品。

③质量要求：既有独特的柞蚕蛹风味，又有很高的营养价值。

（8）柞蚕蛹三鲜蒸饺

①原料：精粉5份，精猪肉2份，鲜柞蚕蛹1.5份，水发海参1份，大虾1份，韭菜0.5份。

②调料：酱油1.5份，葱花0.3份，姜末0.1份，花椒面0.02份，香油0.3份，材料油1份，味素0.03份，精盐0.03份，鸡汤1份，淀粉0.3份。

③制作方法

• 将柞蚕蛹洗净煮熟去皮，切碎成末，放碗里加材料油、香油、精盐、花椒面、葱末拌和成馅。

• 把猪肉剁碎放碗里，加酱油、鸡汤朝一个方向搅成黏粥状，放葱花、味素、花椒面、姜末、香油拌合成第2种馅。

• 水发海参洗净在墩上切成碎丁放碗里加精盐、味素、香油、花椒面拌合成第3种馅。

• 大虾洗净去壳，切碎。韭菜洗净去两头，也切成碎末，将虾和韭菜放碗里，加盐、味素、香油、花椒面拌合成第 4 种馅。

● 用沸水将精粉烫透，和成硬一点的面团，凉后下成剂子，逐个擀成中间厚、边缘薄、直径约 5 厘米的圆皮。

● 在皮的中间抹上猪肉馅，用右手的拇指、食指一起向中间推拢成 3 个小孔洞，再将其余 3 种馅分别装入 3 个小孔洞里。然后将 3 个角的尖处用手捏一下，再蘸点淀粉，将 3 个小孔洞的边捻成花边状，成风扇形。

● 将风扇形蒸饺在屉上间隔地摆好，用旺汽蒸 7 分钟左右，出屉后码在盘里即成。

④特点：蒸饺成风扇形，形象逼真。饺皮硬度合适，色泽透明，4 种馅各有风味，咸鲜可口。

第五节　柞蚕蛹的直接药用

柞蚕蛹已被《东北动物药》、《中国动物药》收为消食理气药。直接以新鲜或干燥蛹入药。四季拾取，鲜用或晒干备用，有生津止渴、消食理气、镇惊解痉的功能。治消渴、尿多、淋病、癫痫病等。日用量 10 ~ 15 克。

1. 治消渴（糖尿病）、尿多

柞蚕蛹 25 克，水煎服，日服 2 次。

2. 治癫痫

柞蚕蛹 70 个，加冰糖适量，蒸热，每次发作清醒后，分 2 次服下。或在发作前服用，效果更好。

第六节　柞蚕产品简介

目前，柞蚕加工主要产品有柞蚕蛹开发肾肝宁胶囊、九如肝泰胶囊、柞蚕素及胶囊制剂、柞蚕蛹虫草、昆虫蛋白肽、氨维康口服液、雄蚕蛹油胶囊“维思壮”；柞蚕蛾开发媚灵丸、龙燕精、雄蚕蛾油、雄蚕蛾养生酒、延生护宝液、蛾苓丸、九如天宝液等。

1. 肾肝宁胶囊

①育成蛹：为柞蚕 *Antheraea pernyi* Guerin 滞育期的蛹，经加温处理使产生脱皮激素达到高峰期，于10℃冻结贮存。

②育成蛹粉的制备：取冻结的柞蚕育成蛹用常温水洗涤，清洗死蛹，加75%乙醇浸过蛹面，浸泡5日，破碎，研细，除蛹皮，取蛹汁减压回收乙醇，喷雾干燥，即得。

③牛膝粉的制备：取牛膝用75%乙醇连续回流提取5小时，提取液回收乙醇，减压干燥，粉碎成细粉，即得。

【功能主治】补益肝肾、扶正固本，具有同化蛋白。促进新陈代谢和增强免疫等功能。用于肾小球肾炎、肾病综合征、甲型肝炎、肝硬化等。

2. 柞蚕蛹虫草

柞蚕蛹虫草简介：蛹虫草又称北冬虫夏草。学名为 *Cordyceps militaris* 是虫草属的一种，与驰名中外的冬虫夏草相近，是同属不同种。是我国传统的名贵中药材和著名药用真菌。《新华本草纲要》、《中华药海》记载：“全草，味甘性平，有益肺肾，神精髓、止血化痰的功能”等。现代医学研究证明，蛹虫草的食用和药用价值与野生冬虫夏草完全一致。除含有糖、脂肪、蛋白质和氨基酸、虫草素、虫草多糖、甘露醇、SOD等药用成分外，还含有多种维生素和微量元素。其中，虫草素含量比冬虫夏草高数倍，具有调节脂类代谢、抗疲劳、抗衰老、抗肿瘤、治疗心律失常、慢性肾炎及肾衰竭的作用。柞蚕蛹虫草是将野生蛹虫草菌接种到柞蚕蛹上人工培育而成。它是动物和植物的结合体。它既是名贵的中药材，又是良好的补品，可与鸡、鸭同炖，具有补气填精、强身健体的作用。同虾仁煲汤具有补肾壮阳之功。做茶饮用可增强免疫功能，健身抗衰。

3. 维思壮

本品运用野生发育后期雄柞蚕蛹为原料，经现代工艺提取有效成分，并运用国际先进的制作技术制成软胶囊。本品对肠胃无刺激，吸收快捷，阻隔空气不被氧化，更好的保持蚕蛹的生物活性，是科学、合理、健康、完美的营养保健佳品。食品卫生许可证号：辽卫食证字（2007）第210201－000085号，雄柞蚕蛹油的作用：调节血脂，预防和改善动脉硬化，促进神经、心脏活动，疏通血管，保持血管弹性。调节性腺机能，补气养血、强腰壮肾，强化性功能；通肝保肝，恢复化学性肝脏损伤，预防进展期肝炎及肝硬化；提高免疫力，具有抵抗病菌侵入的能力，抗衰老、抗疲劳；增加体内EPA和DHA的生成，具有预防老年痴呆症，美容、延缓青春、增加皮肤弹性、稳定减肥功能等。

4. 延生护宝液

延生护宝液系以雄蚕蛾为主药，配以人参、鹿茸、驴肾、仙茅、肉桂等多味中药而成。具有补肾壮阳、强筋健骨、填精益髓的功能，对男女肾虚引起的一些疾病有一定的防治作用。

主治腰腿痛、肢冷畏寒、性功能低下、气短、精神疲惫，以及前列腺肥大、老花眼、月经晦暗、白带过多异味、更年期综合征等，对前列腺肥大、老花眼、性功能低下、腰腿痛等有较好疗效。该方具有促进蛋白质合成、促进机体细胞新生、增强免疫功能等作用。

用法：每日服2次，每次20毫升，需要时可增量服。服用期一般30～45日。服用后2小时以内忌水。如药液有沉淀，摇匀后可用。孕妇、少儿不宜用。贮存时置阴凉避光处。

5. 九如天宝液

九如天宝液以雌性柞蚕蛾为主料，配以茯苓、白茅根等制成的纯生物制剂。适用于前列腺肥大、妇女更年期综合征、内分泌功能紊乱引起的尿频、尿潴留、尿痛、尿急、排尿困难、血尿、尿失禁、失眠、烦躁不安、畏寒、时常出汗、性欲减退、月经周期紊乱、心悸、血压不稳、健忘、面部潮红、易激动等症。

6. 媚灵丸

媚灵丸系中药浓缩水丸，其主要成分为蚕蛾渣、菟丝子、海龙、蛇床子、蚕蛾油。功能主治为：补肝益肾、壮阳固精、温脾助胃、强筋壮骨。用于阳痿不举、性机能减退、白浊遗精、腰膝酸痛、精神不振、失眠等。

7. 龙燕补肾酒

龙燕补肾酒为国药准字号药，其主要成分为雄蚕蛾、地龙、海燕、花椒、甜叶菊等。龙燕补肾酒的功能与主治：补肝益肾、除湿助阳、温脾助胃、益髓填精。主要用于肾虚阳痿、性机能减退等症的辅助治疗。

8. 蛾苓丸

蛾苓丸系中药水丸，为国药准字号国家三类新药，其主要成分为雌性柞蚕蛾、茯苓。其功能主治为：扶正培元、健脾安神、补肝壮肾，用于淋证（男性前列腺肥大）、妇女更年期综合征。

参考文献

［1］秦利. 中国柞蚕学［M］. 北京：中国科学文化音像出版社，2003：116～117.

［2］张国德，姜德富. 中国柞蚕［M］. 沈阳：辽宁科学技术出版社，2003：817～883.

［3］何德硕，吕继业. 柞蚕蛹营养成分研究初报［J］. 蚕业科学，1985，11（1）：55～57.

［4］沈仁权. 基础生物化学［M］. 上海：上海科学技术出版社，1980：156～218.

［5］何德硕，赵姝华，何平，等. 利用柞蚕蛹渣制备复合氨基酸营养物的研究［J］. 氨基酸杂志，1989（1）：22～24.

[6] 朱桂荣. 柞蚕蛹水解蛋白营养评价 [J]. 食品科学，(6)：21 ~ 24.
[7] 刘忠云，王东风，赵淑英，等，柞蚕蛹的营养成份分析及评价 [J]. 黑龙江农业科学，2001 (4) ：1 ~ 4.
[8] 赵锐，何德硕，刘隽彦，等. 柞蚕蛹油研究报告 [J]. 蚕业科学，1991，17 (4)：227 ~ 230.
[9] 邓明鲁. 中国动物药 [M]. 吉林人民出版社，1981：132 ~ 167.
[10] 苏秀榕，戴有盛. 蚕蛹皮提取壳聚糖的初步研究 [J]. 蚕业科学，1991，17 (1)：51 ~ 52.
[11] 阎道勉. 柞蚕五香蚕蛹罐头生产工艺 [J]. 蚕业科学，1994，20 (3)：190.
[12] 王艳辉，陈亚，绍禹，等. 蚕蛾的应用研究进展. [J] . 中国蚕业，2008 (4)：14 ~ 15.
[13] 徐启茂，毛刚，崔德君，等. 浅析雄蚕蛾对人体的抗衰作用 [J]. 辽宁中医杂志，1994，21 (5)：232.
[14] 张霞，王玉英，王妍，等. 柞蚕蛾的研究概况 [J] . 北京：中国医药学报，2004，19 (9)：555 ~ 557.
[15] 廖森泰，肖更生. 全国蚕桑资源高效综合利用发展报告 [M] . 北京：中国农业科学技术出版社，2010：3 ~ 8.

桑园

桑果

五龄蚕

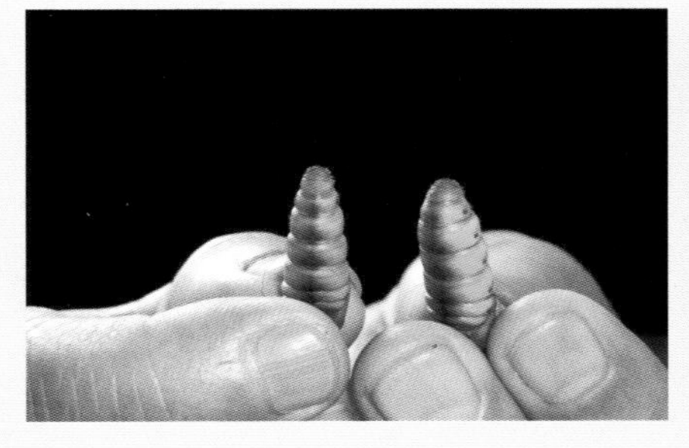

雌雄蚕蛹

蚕蛾

桑果系列产品

桑叶系列产品

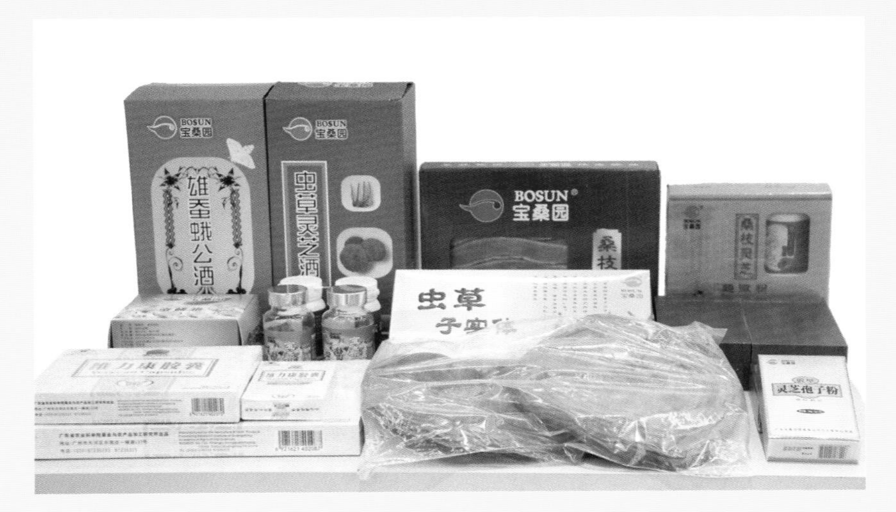

蚕桑资源健康产品

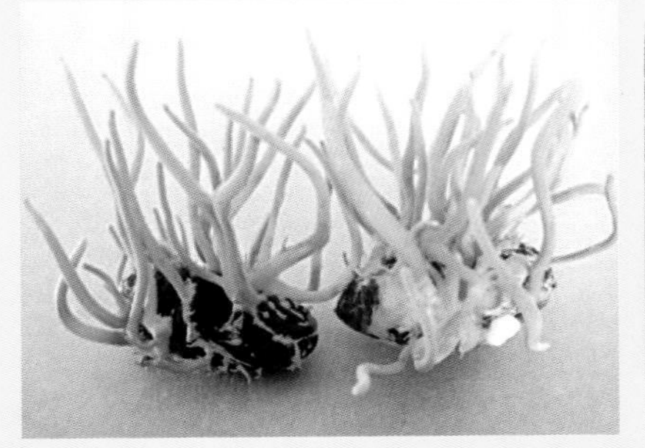

蚕蛹虫草产品

雄劲蚕蛾酒

雄蚕蛾

SHEN GAN NING
肾肝宁胶囊

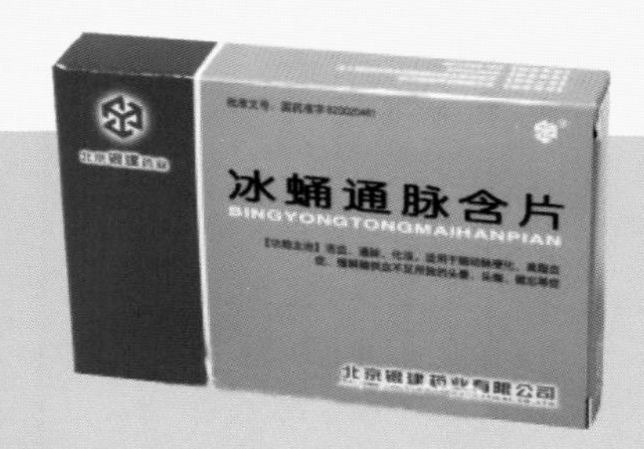
冰蛹通脉含片
BINGYONGTONGMAIHANPIAN

九如肝泰胶囊

柞蚕蛹蛾健康产品

丝绵被、蚕沙枕头

丝绸服饰

茧丝美容品

宝桑园食品厂

花都宝桑园基地

蚕桑产品专卖店

蚕桑美食宴

桑枝灵芝鸡

桑叶煮鲫鱼

韭菜炒蚕蛹

桑叶炸云吞

桑叶蒸肉饼

桑叶煎鸡蛋

桑果炒玉米肉丁

桑果拼盘

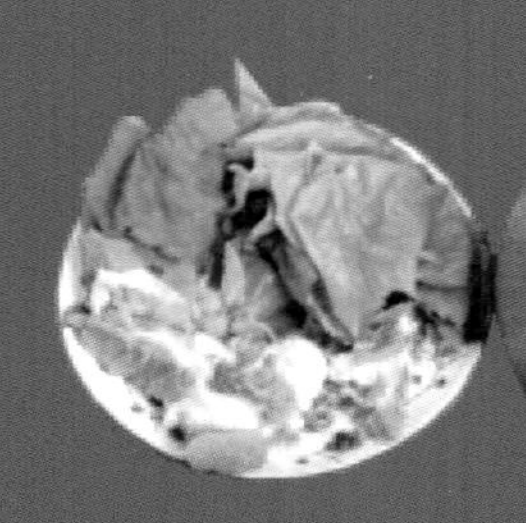

桑叶猪骨汤

桑叶肉丸

HONOR CERTIFICATE
为表彰中国食品科学技术学会科技创新奖—技术进步奖获得者，特颁发此证书。
项目名称：蚕桑资源营养功能评价及系列食品研发
奖励等级：一等奖
获 奖 者：广东省农业科学院蚕业与农产品加工研究所
中国食品科学技术学会
2008年10月20日
证 书 号：2008-J-1-01

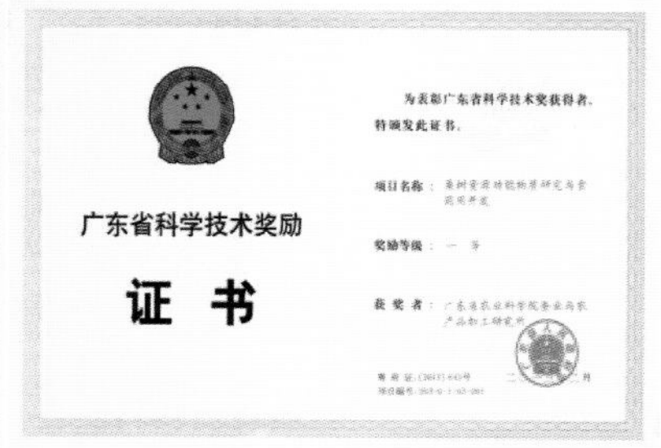

广东省科学技术奖励
证 书
为表彰广东省科学技术奖获得者，
特颁发此证书。
项目名称：
奖励等级：一 等
获 奖 者：广东省农业科学院蚕业与农产品加工研究所

广东省科学技术奖励
证 书
为表彰广东省科学技术奖获得者，
特颁发此证书。
项目名称：桑果综合开发利用与产业化研究
奖励等级：二 等
获 奖 者：广东省农业科学院蚕业研究所

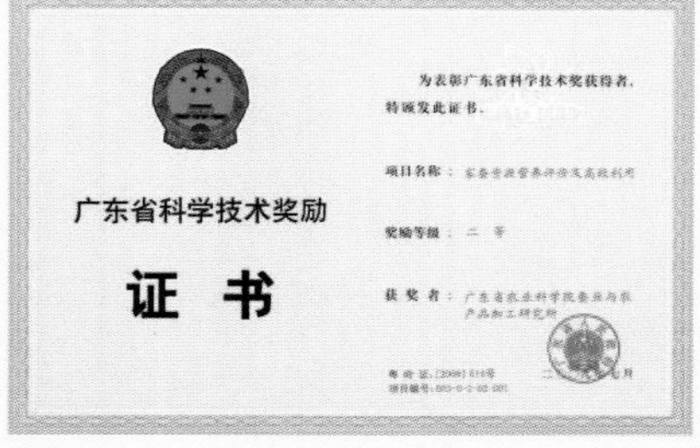

广东省科学技术奖励
证 书
为表彰广东省科学技术奖获得者，
特颁发此证书。
项目名称：家蚕资源营养评价及高效利用
奖励等级：二 等
获 奖 者：广东省农业科学院蚕业与农产品加工研究所

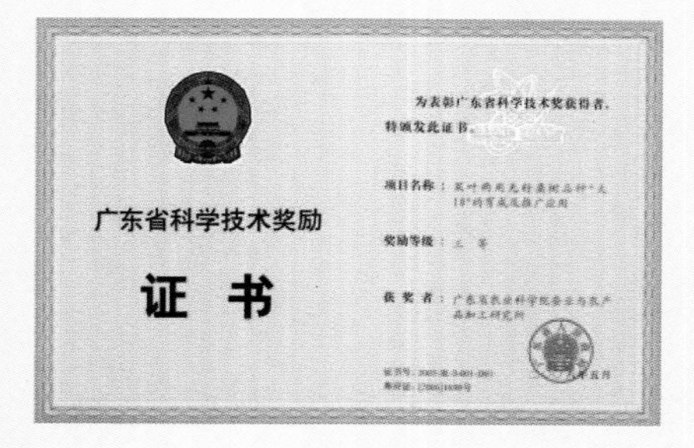

广东省科学技术奖励
证 书
为表彰广东省科学技术奖获得者，
特颁发此证书。
项目名称：
奖励等级：三 等
获 奖 者：广东省农业科学院蚕业与农产品加工研究所

广东省科学技术奖励
证 书
为表彰广东省科学技术奖获得者，
特颁发此证书。
项目名称：
奖励等级：
获 奖 者：

证 GAS 书
获奖项目：
获奖单位：
奖励等级：
奖励日期：
证书号：
广东省农业科学院

证 书
获奖项目：
获奖单位：广东省农业科学院蚕业研究所
奖励等级：二 等
奖励日期：一九九八年
证书号：
广东省科学技术进步奖
评审委员会

证 GAS 书
获奖项目：
获奖单位：
奖励等级：
奖励日期：
证书号：
广东省农业科学院